STUD BOOK FRANÇAIS

REGISTRE

DES

CHEVAUX DE DEMI-SANG

NÉS ET IMPORTÉS EN FRANCE

SECTION NORMANDE

TOME IV — ÉTALONS

(1898 — 1901)

STUD BOOK FRANÇAIS

REGISTRE

DES

CHEVAUX DE DEMI-SANG

NÉS ET IMPORTÉS EN FRANCE

Publié par ordre de M. le Ministre de l'Agriculture

SECTION NORMANDE

TOME IV — ÉTALONS

(1898-1901)

Prix : 4 Francs

PARIS

EN VENTE A L'IMPRIMERIE KUGELMANN

12, rue de la Grange-Batelière, 12

1902

Reproduction interdite.

COMMISSION

DU

STUD BOOK DES CHEVAUX DE DEMI-SANG

Président :

M. LE MINISTRE DE L'AGRICULTURE OU LE DIRECTEUR DES HARAS.

Membres :

MM. AUGÈRE, ancien Député ;

BASLY (de), Propriétaire-Eleveur à Saint-Contest (Calvados);

BASTID, Député du Cantal ;

CUGNAC (de), Directeur de l'École de dressage de Rochefort ;

GANAY (de), Inspecteur général honoraire des Haras ;

GÉVELOT, Député de l'Orne ;

HENRY, ancien Député, Membre du Conseil supérieur des Haras ;

L'INSPECTEUR GÉNÉRAL PERMANENT DES REMONTES MILI-TAIRES ;

LANNEY (de), Inspecteur général des Haras ;

LINDET, Propriétaire-Eleveur à Saint-Léger-sur-Sarthe (Orne) ;

MARCHEGAY. ancien Député ;

MM. Morel, Gouverneur du Crédit Foncier ;

Portalès, Inspecteur général honoraire des Haras ;

Rozier (du) (Philippe), Propriétaire-Eleveur au Château du Petit Jars (Orne) ;

Sempé, Propriétaire-Eleveur, à Tarbes, Membre du Conseil supérieur des Haras ;

Simonnin, Inspecteur général.

Secrétaires :

MM. Guillemot, sous-Directeur de Dépôt d'Etalons.

Filippini, Rédacteur à la Direction des Haras.

ABRÉVIATIONS

H. N............... Haras nationaux.
Al................. Alezan.
Aub............... Aubère.
B................. Bai.
Bb............... Bai brun.
Bl............... Blanc.
C. L............. Café au lait.
F. P............. Fleur de pêcher.
Gr............... Gris.
Is............... Isabelle.
N................ Noir.
P................ Pie.
Ro............... Rouan.
P. S. A........... Pur-sang anglais.
P. S. Ar.......... —   arabe.
P. S. A.-A......... —   anglo-arabe.
1/2 s. .... Demi-sang.
1/2 s. A.......... —   anglais.
1/2 s. Al......... —   allemand.
1/2 s. Am......... —   américain.
1/2 s. Ar......... —   arabe.
1/2 s. A.-A....... —   anglo-arabe.
1/2 s. A.-N....... —   anglo-normand.
1/2 s. N.......... —   normand.
1/2 s. Br......... —   breton.
1/2 s. Big........ —   bigourdan.
1/2 s. Char....... —   charentais.
1/2 s. V.......... —   vendéen.
1/2 s. L.......... —   limousin.
1/2 s. Norf....... —   norfolk.
1/2 s. Norf.-Ang... —   norfolk-anglais.
1/2 s. Norf.-Br.... —   norfolk-breton.
1/2 s. R.......... —   russe.
1/2 s. Orl........ —   orloff.
1/2 s. Meck....... —   mecklembourgeois.
1/2 s. Carr....... —   carrossier.
S. B. F., t.   , p. .. Stud Book français, tome   , page .
S. B. A., t.   , p. .. Stud Book anglais, tome   , page .
S. R............. Sans renseignements.
S. B. N., t.   , p. .. Stud Book normand, tome   , page .
S. B. V., t.   , p. .. Stud Book vendéen, tome   , page .
S. B. Br., t.   , p. .. Stud Book breton, tome   , page .
S. B. M., t.   , p. .. Stud Book du midi, tome   . page .

Nota. — *Le nom qui est inscrit après la date de naissance indique le pays, la région ou le département où est né l'étalon.*

Les dates qui suivent le nom de la circonscription rappellent le temps pendant lequel l'étalon y a fait la monte.

PREMIÈRE PARTIE

ÉTALONS

SECTION NORMANDE

ÉTALONS

(1891-1901)

Circonscriptions des Dépôts d'Étalons du Pin
et de Saint-Lô.

DÉPARTEMENTS :

EURE, ORNE, SEINE, SEINE-ET-OISE, SEINE-INFÉRIEURE,
SARTHE (cantons de la Fresnaye et de Saint-Paterne), CALVADOS,
MANCHE.

1

ETALONS

NÉS DANS LES CIRCONSCRIPTIONS DU PIN ET DE SAINT-LO

(1891-1901)

ÉTALONS

Nés dans les Circonscriptions du Pin et de Saint-Lô

ABDEL-KADER (approuvé). — M. Bonpain, 1882 ;
M. Duvet, 1896 (Calvados).
Bb. 1878. — Manche.
Par *Ignoré*, 1/2 s. N., et une fille de Forey, 1/2 s. N.
Sa grand'mère : fille de Priam, 1/2 s. N.
Saint-Lô : depuis 1882.

ACQUILA. — H. N.
N. 1878. -- Orne.
Par *Niger*, 1/2 s. N., et *Lucrèce*, par Centaure, 1/2 s. N.
Sa grand'mère, fille de Lully, P. S. A.
Sa bisaïeule, fille de Chesterfield Junior, P. S. A.
Sa trisaïeule, fille de Pick-Pocket, P. S. A.
Sa quadrisaïeule, fille de Silvio, P. S. A.
Le Pin : 1882-1897. — Réformé le 14 août 1897 et abattu.

AGRICULTEUR (approuvé). — M. Richard (Manche).
B. 1878. — Manche.
Par *Regret*, 1/2 s. N., et une 1/2 s. N., par Dear Tom, P. S. A.
Sa grand'mère : par Torticolis, P. S. A.
Saint-Lô : 1882-1899. — Non présenté en vue de la monte de 1900.
S. R. depuis.

AJAX. — H. N.
Bb. 1895. — Orne.
Par *Kalmia*, 1/2 s. N., et *Ino*, 1/2 s. N., par Valdempierre,
Sa grand'mère : par Affidavit, P. S.
Saint-Lô : depuis 1900.

ALGÉRIEN (approuvé). — M. Angers (Calvados).
Al. 1878. — Calvados.
Par *Libérator*, 1/2 s. A. et une 1/2 s. N., par Pretty-Boy, P. S. A.
Sa grand'mère : N., par Nemrod, 1/2 s. N.
Saint-Lô : 1882. — Mort le 20 janvier 1899.

ARAMIS (approuvé). — M. Lemonnier (Calvados).
Al. 1884. — Normandie.
Par *Hippomène*, 1/2 s. Big., et *Sylvia*, par Conquérant, 1/2 s. N.
Sa grand'mère : Fridoine, 1/2 s. N., par Schamyl, P. S. A.
Le Pin : depuis 1890.

ARCHIBALD, ex-**APOLLON**. — H. N.
Al. 1878. — Manche.
Par *Requin*, 1/2 s. N., et *Rosette*, 1/2 s. N., par Paladin, P. S. A.
Sa grand'mère : par Talleyrand, 1/2 s. N.
Saint-Lô : 1882. — Abattu en 1899.

BACCARAT (approuvé). — M. Tirard, 1883 ;
M. Alexandre Paul, 1884 ; Mme Ve Hamel, 1896.
B. 1879. — Normandie.
Par *Rostrum*, 1/2 s. N., et une fille de Gotha, 1/2 s. N.
Sa grand'mère : par Navigateur, 1/2 s. N.
Saint-Lô : 1883. — Non présenté en 1898. — S. R. depuis.

BARBEROUSSE (approuvé).
MM. Le Sénécal, 1883 ; Trochon, 1884 (Manche).
B. 1879. — Manche.
Par *Newton*, 1/2 s. N., et *Tranquille*, par Kapirat, 1/2 s. N.
Saint-Lô : 1883-1899. Non présenté en vue de la monte de 1900.
S. R. depuis.

BARRABAS. — H. N.
Al. 1879. — Orne.
Par *Jactator*, 1/2 s. N., et *Fleur-de-Mai*, par Niger, 1/2 s. N.
Le Pin : 1883. — Réformé le 14 janvier 1897 et castré.

BESLON (approuvé). — M. Lebeurrier, 1888 (Manche),
Al. 1884. — Manche.
Par *Algérien*, 1/2 s. N., et *Soumise*, par Orme, 1/2 s. N.
Sa grand'mère : Lisette, par Quinine, 1/2 s. N.
Saint-Lô : depuis 1888.

BRAVO (accepté). — M. Jouanne F.
B. 1892. — Manche.
Par *Hervé*, 1/2 s. N., et *Poulette*, 1/2 s. N.
Saint-Lô : 1896. — Non présenté à la Commission sanitaire
depuis 1898.

BURIDAN (approuvé).
MM. le Sénécal, 1883 ; Pierre, 1886.
Al. 1879. — Calvados.
Par *Saturne*, 1/2 s. N., et une fille de Vice-Roi, 1/2 s. N.
Sa grand'mère : par Succès, 1/2 s. N.
Saint-Lô : 1883. — Non présenté en 1898. — S. R. depuis.

CALAMBAC. — H. N.
B. 1880. — Orne.
Par *Saint-Rigomer*, 1/2 s. N., et *Dame-de-Pique*, par Élu, 1/2 s. N.
Sa grand'mère : une 1/2 s. N., par Tipple-Cider, P. S. A.
Saint-Lô : 1884-1899. — Réformé le 5 août 1899.
Après la monte, abattu.

CAMBACÉRÈS. — H. N.
Al. 1880. — Orne.
Par *Niger*, 1/2 s. N.. et *Lucrèce*, 1/2 s. N., par Phœnomenon,
1/2 s. A.
Sa grand'mère : par Centaure, 1/2 s. N.
Sa bisaïeule : par Umber, 1/2 s. N.
Le Pin : 1884. — Réformé le 14 août 1897 et abattu.

CAMEMBERT. — H. N.
B. 1880. — Orne.
Par *Phaéton*, 1/2 s. N., et *Conquérante*, par Thésée, 1/2 s. N.
Le Pin : 1885. — Réformé et envoyé à l'École d'Alfort
le 27 novembre 1896.

CENSEUR. — H. N.
B. 1880. — Calvados.
Par *Législateur*, 1/2 s. N., et *Coquette*, par Régnier, 1/2 s. N.
Sa grand'mère : une 1/2 s. N., par Pick-Pocket, P. S. A.
Saint-Lô : 1884. — Réformé le 7 août 1901 après la monte.

CHERBOURG. — H. N.
B. 1880. — Calvados.
Par *Normand*, 1/2 s. N., et *Peschiera*, par Extase, 1/2 s. N.
Sa grand'mère : par Conquérant, 1/2 s. N.
Sa bisaïeule : par Dorus, 1/2 s. N.
Sa trisaïeule : par Introuvable, 1/2 s. N.
Sa quadrisaïeule : par Royal-George, P. S.ᶠA.
Le Pin : depuis 1885.

CICÉRON II. — H. N.
N. 1880. — Calvados.
Par *Tigris*, 1/2 s. N., et *Mademoiselle-de-Bréville*,
par Centaure, 1/2 s. N.
Le Pin : depuis 1885.

COLPORTEUR. — H. N.
Bb. 1880. — Eure.
Par *Normand*, 1/2 s. N., et *Zaine*, par Conquérant, 1/2 s. N.
Sa grand'mère : Atalante, par Carignan, 1/2 s. N.
Sa bisaïeule : N., par Égrillard, 1/2 s. N.
Saint-Lô : 1884.
Réformé le 17 décembre 1900 après la monte. — Abattu.

CONTENT. — H. N.
B. 1886. — Eure.
Par *Hippomène*, 1/2 s. Big., et *Mademoiselle-de Sainte-Opportune*,
par Rivoli, 1/2 s. N.
Sa grand'mère : Jarnicoton, 1/2 s. N.
par The Norfolk-Phœnomenon, 1/2 s. A.
Le Pin : 1891. — Passé au dépôt de Lamballe le 22 novembre 1897.

COQ-A-L'ANE (accepté). — M. A. Leroy.
B. 1892. — Manche.
Par *Intègre*.
Saint-Lô : 1897. — S. R. depuis 1899.

COQ-A-L'ANE (approuvé).
MM. de Basly, 1885 ; Le Marchand, 1891. — Manche.
Bb. 1880. — Calvados.
Par *Lavater*, 1/2 s. N., et *Allumette*, 1/2 s. N.,
par The Heir-of-Linne, P. S. A.
Saint-Lô : depuis 1886.

COQUET (approuvé). — M. Richard.
Al. 1879. — Manche.
Par *Silhouette*, 1/2 s. N., et une fille de Succès, 1/2 s. N.
Saint-Lô : 1883. — Non présenté en 1898. — S. R. depuis.

CORDEBUGLE (approuvé).
MM. Lepailleur, 1884 ; Cochard, 1888. (Manche).
B. 1880. — Calvados.
Par *Tourville*, 1/2 s. N., et une fille de Panique ou Kent, 1/2. s. N.
Saint-Lô : depuis 1884.
S. R. en 1901.

DACAPO. — H. N.
B. 1881. — Calvados.
Par *Normand*, 1/2 s. N., et *Olga*, par Abrantès, 1/2 s. N.
Sa grand'mère : par Écuyer, 1/2 s. N.
Saint-Lô : depuis 1885.

DANIEL (approuvé). — M. Roussel (Manche).
Al. 1881. — Manche.
Par *Milord*, 1/2 s. N., et une fille de Félibien, 1/2 s. N.
Sa grand'mère : fille de Quinine, 1/2 s. N.
Saint-Lô : depuis 1885.

DANSEUR (approuvé). — M. Raisin.
B. 1881. — Manche.
Par *Nagel*, 1/2 s. N., et une fille d'Irrésistible, 1/2 s. N.
Sa grand'mère : par Extra, 1/2 s. N.
Sa bisaïeule : par Rosel, 1/2 s. N.
Saint-Lô : 1886. — Non présenté en 1898. — S. R. depuis.

DÉFENDU. — H. N.
Al. 1881. — Calvados.
Par *Oronte*, 1/2 s. N., et *Georgette*, par Usité, 1/2 s. N.
Sa grand'mère : par Tambour, 1/2 s. N.
Saint-Lô : 1885. — Mort le 18 mars 1898.

DÉGAGÉ. — M. Mauny (Orne).
Autorisé en 1891. — Approuvé en 1892.
Duc de Narbonne : 1898.
B. 1878. — Orne.
Par *Conquérant*, 1/2 s. N., et une fille d'Eclipse, 1/2 s. N.
Le Pin : depuis 1891.
N'a pas fait la monte en 1900 et 1901.

DELAWARE, ex-**DAUPHIN**. — H. N.
Al. 1881 . — Orne.
Par *Urimesnil*, 1/2 s. N . et *Balzac*, 1/2 s. N.
par Norfolk-Trotter, 1/2 s. A.
Sa grand'mère : par Centaure, 1/2 s. N.
Le Pin : 1885. — Mort le 28 avril 1896.

DELILLE (approuvé). — M. R. d'Abzac.
B. 1881. — Calvados.
Par *Utique*, 1/2 s. N., et une fille de Phare, 1/2 s. N.
Sa grand'mère : par Porthos, 1/2 s. N.
Le Pin : 1885. — Mort en 1894.

DIADÈME (approuvé).
M. Louvel, 1885. — M. Perdiel, 1888.
B. 1881. — Calvados.
Par *Léotard*, 1/2 s. N., et *Cocotte*, 1/2 s. N.,
par Sir-Edwin-Landsyer, 1/2 s. A.
Le Pin : 1885. — Saint-Lô : depuis 1888.

DICTATEUR (approuvé).
M. le duc de Narbonne, 1883-1889. — M. Basile, 1895.
Bb. 1878. — Orne.
Par *Conquérant*, 1/2 s. N., et *Libertine*, par Usbékych, P. S. A.
Sa grand'mère : Brunette, 1/2 s. N., par Phœnomenon, 1/2 s. A.
Sa bisaïeule : Tunisienne, 1/2 s. N., par Performer, 1/2 s. N.
Sa trisaïeule : Zaïre, 1/2 s. N., par Napoléon, P S. A.
Sa quadrisaïeule : La Camertonne, 1/2 s. N., par Camerton, P. S. A.
Le Pin : 1883. — Vendu à M. Vimont, à Avize, en 1895. — Mort
en 1896.

DICTATEUR (approuvé). — M. Fontlupt fils.
N. 1881. — Normandie.
Par *Normand*, 1/2 s. N., et une 1/2 s. N.,
par Trotting-Rattler, 1/2 s. A.
Le Pin : 1887. — Vendu en 1893.

DIPLOMATE, ex-**DRAGON** (approuvé)
M. Pierre, 1885 (Calvados).
Bb. 1881. — Calvados.
Par *Tigris*, 1/2 s. N., et une fille de Kilomètre, 1/2 s. N.
Sa grand'mère : par Jactator, 1/2 s. N.
Saint-Lô : 1885. — Passé dans la Manche en 1899.

DOCTEUR (approuvé). — M. Gironard (Manche).
B. 1881. — Calvados.
Par *Nomen*, 1/2 s. N., et une fille d'Affidavit, P. S. A.
Saint-Lô : 1885-1899. — Non présenté en vue de la monte de 1900.
S. R. depuis.

DOLLAR. — H. N.
N. 1881. — Manche.
Par *Lavater*, 1/2 s. N., et *Druidesse*, par Agenda 1/2 s. N.
Sa grand'mère : Elise, par Kapirat, 1/2 s. N.
Saint-Lô : 1885. — Réformé le 6 août 1898 et castré.

DOMINO (accepté). — M. de Sainte-Marie.
Bb. 1885. — Normandie.
Par *Union-Jack*, 1/2 s. N., et *N.*, par Bisson, 1/2 s. N.
Le Pin : 1894. — S. R. depuis

DOMINO (accepté). — M. de Sainte-Marie.
Bb. 1886. — Normandie
Par *Union-Jack*, 1/2 s. N., et une fille de Josaphat, 1/2 s. N.
Le Pin : 1892. — S. R. depuis.

DOMINO-NOIR. — H. N.
N. 1881. — Manche.
Par *Lavater*, 1/2 s. N., et *Pastourelle*, P. S. A., Par Pace.
Saint-Lô : 1885. — Réformé le 16 décembre 1901 après la monte.

DON-QUICHOTTE. — H. N.
B. 1881. — Calvados.
Par *Tigris*, 1/2 s. N., et *Etincelle*, 1/2 s. N.,
par Matchless, 1/2 s. A.
Sa grand'mère : par Pledge, 1/2 s. N.
Le Pin : 1886. — Réformé le 14 août 1897 et castré.

DOUVILLE (approuvé). — M. Morcel (Calvados).
Bb. 1881. — Calvados.
Par *Médicis*, P. S. A., et une fille de Bisson, 1/2 s. N.
Saint-Lô : 1885-1899. — Non présenté pour la monte de 1900.
S. R. depuis.

ÉCARTÉ. — H. N.
Al. 1882. — Calvados.
Par *Végès*, *Législateur*, ou *Unique*, 1/2 s. N., et *Rosette*,
par Hick, 1/2 s. N.
Saint-Lô : 1886. — Réformé le 6 août 1898 et castré.

ÉCHEC, ex-**ÉMINENT**. — H. N.
B. 1882. — Orne.
Par *Urimesnil*, 1/2 s. N., et *Coquette*, par Oriental, 1/2 s. N.
Saint-Lô : depuis 1886.

ÉCHO. — H. N.
N. 1882. — Calvados.
Par *Normand*, 1/2 s. N., et *Vilna*, par Y, 1/2 s. N.
Sa grand'mère : Victoire P. S. A.
Le Pin : 1886.
Réformé le 17 décembre 1900 après la monte. — Abattu.

ÉCLAIREUR (approuvé). — M. Grancher.
Ro. 1873. — Seine-Inférieure.
Par *Bucéphale*, 1/2 s. N., et une fille d'Ouvrier, 1/2 s. N.
Sa grand'mère : par Performer, 1/2 s. N.
Le Pin : 1879-1892. — S. R. depuis.

ÉCLAIREUR. — H. N.
B. 1882. — Orne.
Par *Serpolet-Bai* ou *Marignan*, 1/2 s. N., et *Jeanne-d'Arc*,
Par Phaéton, 1/2 s. N.
Sa grand'mère : Gabrielle-d'Estrées, par Elu, 1/2 s. N.
Le Pin : 1886. — Réformé le 14 août 1897 et castré.

ÉCRAN. — H. N.
B. 1882. — Manche.
Par *Sorcier*, 1/2 s. N., et une fille de Ratapoil, 1/2 s. N.
Saint-Lô : 1886. — Réformé le 23 décembre 1898 et Castré.

ÉCUEIL. — H. N.
Al. 1882. — Manche.
Par *Idoménée*, 1/2 s. N., et une fille de Récif, 1/2 s. N.
Sa grand'mère, par The Heir-of-Line, P. S. A.
Saint-Lô : depuis 1886.

ÉDIMBOURG. — H. N.
Bb. 1882. — Sarthe
Par *Serpolet-Bai*, 1/2 s. N., et *Harmonie*, par Abrantès, 1/2 s. N.
Sa grand'mère : par Séducteur, 1/2 s. N.
Le Pin : 1886. — Réformé le 13 décembre 1898 et abattu.

ÉDREDON (approuvé).
MM. Bisson, 1886 ; J.-B. Salles, 1895 (Calvados).
Al. 1882. — Manche.
Par *Sénéchal*, 1/2 s. N., et une fille de Nagel, 1/2 s. N.
Saint-Lô : 1886-1899. — Non présenté en vue de la monte de 1900.
S. R. depuis.

EGMONT (approuvé). — M. Leroy (Manche)
Al. 1882. — Manche.
Par *Uzerche*, 1/2 s. N., et une fille de Va-de-Bon-Cœur, 1/2 s. N.
Sa grand'mère : par Normand, 1/2 s. N.
Saint-Lô : depuis 1886.

ÉLAN (approuvé). — M. Mauny ; Mme Ve Demarine.
(Seine-et-Oise). 1898 ; M. Wallet, 1899.
B. 1882. — Orne.
Par *Serpolet-Bai*, 1/2 s. N., et *Rosière*, par Condé, 1/2 s. N.
Sa grand'mère : 1/2 s. N., par Y. Phœnomenon, 1/2 s. A.
Le Pin : depuis 1887.

ÉMAIL (approuvé).
MM. J. Lebaudy, 1897 ; Maassem, Provost fils.
Bb. 1882. — Normandie.
Par *Tigris*, 1/2 s. N., et *Rigolette II*, par Abrantès, 1/2 s. N.
Le Pin : depuis 1895.

ÉOLE (approuvé).
MM. Lebas, 1887 ; Guillerme, 1895 ; MM. de Tesson.
et Lemétayer, 1898 (Manche).
B. 1882. — Manche.
Par *Lavater*, 1/2 s. N., et *Heir-of-Linna*, par The Heir-of-Linne, P.S.A.
Sa grand'mère : Elisa, 1/2 s. N., par Corsair, 1/2 s. A.
Saint-Lô : depuis 1887.

ÉPI. — H. N.
Al. 1882. — Manche.
Par *Nagel*, 1/2 s. N., et *Rosette*, par Beaumanoir, 1/2 s. N.
Sa grand'mère : par Feu-de-Joie, 1/2 s. N.
Saint-Lô : depuis 1886.

ÉPI-D'OR (approuvé). — M. Guillerme (Manche).
Al. 1882. — Normandie.
Par *Sachos*, 1/2 s. N., et *Gisèle*, P. S. A., par Royal-Quand-Même.
Saint-Lô : depuis 1886.

EPSOM (approuvé).
MM. Laumaille, 1886 ; Belloir, 1887 ; Cornille (Louis), 1900.
B. 1882. — Manche.
Par *Shamrock*, 1/2 s. A., et une fille de Mercure, 1/2 s. N.
Sa grand'mère : par Faucon, 1/2 s. N.
Sa bisaïeule : par Borisow, 1/2 s. N.
Saint-Lô : depuis 1887.

ESCAR (accepté). — M. Ch. Gibon.
B. 1892. — Manche.
Par *Extra*, 1/2 s. N., et une fille de Romano, 1/2 s. N.
Saint-Lô : depuis 1896.

ESTÈPHE, ex-**ÉMIR**. — H. N.
N. 1882. — Calvados.
Par *Noville*, 1/2 s. N., et *Sultane*, par Conquérant, 1/2 s. N.
Sa grand'mère par Jéricko, 1/2 s. N.
Saint-Lô : 1886. — Réformé le 7 août 1901 après la monte.

ÉTIGNY. — H. N.
Al. 1882. — Calvados.
Par *Soldat*, 1/2 s. N., et *Risette*, par Jackson, 1/2 s. N.
Le Pin : 1886. — Réformé le 27 octobre 1897 et castré.

ÉTINCELANT (accepté).
Approuvé, M. Delarue (1886). — Accepté, M. Albain (1891).
Al. 1882. — Manche.
Par *Romano*, 1/2 s. N., et une fille de Guelfe, 1/2 s. N.
Saint-Lô : 1886.
Non présenté à la Commission sanitaire en 1899. — S. R. depuis.

ETNA. — H. N.
Bb. 1882. — Manche.
Par *Santerre*, 1/2 s. N., et *Cigarette*, par Désiré, 1/2 s. N.
Sa grand'mère : par Éminent, 1/2 s. N.
Le Pin : 1886. — Réformé le 7 août 1901 après la monte.

ÉTRANGER. — H. N.
Ro. 1882. — Orne.
Par *Clear-the-Way*, 1/2 s. N., et une 1/2 s. Am., par Franck.
Le Pin : 1886. — Réformé le 22 août 1896.

ÉTUDIANT. — H. N.
B. 1882. — Orne.
Par *Uriel*, 1/2 s. N., et *Fleurie*, par Centaure, 1/2 s. N.
Sa grand'mère : par Régnier, 1/2 s. N.
Le Pin : 1886. — Réformé le 9 août 1898 et castré.

ÉVEILLÉ, ex-**ÉMULE**. — H. N.
B. 1882. — Orne.
Par *Vougeot*, 1/2 s. N., et *Champagne*, par Illico, 1/2 s. N.
Le Pin : 1886. — Réformé le 27 octobre 1897 et castré.

EXPRESS. — H. N.
B. 1882. — Calvados.
Par *Normand*, 1/2 s. N., et *Junon*, par Ignace, 1/2 s. N.
Sa grand'mère : par Umber, 1/2 s. N.
Le Pin : 1886.
Réformé et envoyé à l'École d'Alfort le 27 novembre 1896.

FACTEUR (approuvé).
MM. du Châtel, 1887 ; H. Brisset, 1891 (Manche).
B. 1883. — Normandie.
Par *Thorigny*, 1/2 s. N., et une fille d'Arthur, 1/2 s. N.
Saint-Lô : 1887. — Mort en 1901.

FAISAN. — H. N.
Al. 1883. — Sarthe.
Par *Phaëton*, 1/2 s. N., et *Ma-Mie*, par Hippocrate, 1/2 s. N.
Le Pin : 1887.
Réformé le 8 août 1900 après la monte.

FARNÈSE, ex-**FRANC-CŒUR**. — H. N.
B. 1883. — Calvados.
Par *Archiduc*, 1/2 s. N., et *Éclatante*, par Washington, 1/2 s. A.
Sa grand'mère : par Niger, 1/2 s. N.
Saint-Lô : depuis 1887.

FARO (accepté). — M. le Cacheux.
Bb. 1893. — Manche.
Par *Alpaga*, 1/2 s. N., et *Mouvette*, 1/2 s. N.
Saint-Lô : 1897-1898. — S. R. depuis.

FAVORI, 1/2 s. N. (approuvé).
M. Couetil Jean. — Avranches. (Manche.)
B. 1897. — France.
Par *Macouba* et *Alsacien*.
Saint-Lô : depuis 1901.

FAVORI (approuvé).
MM. Gost, 1887 ; de Tesson, 1891.
Bb. 1883. — Calvados.
Par *Acquila*, 1/2 s. N., et une fille de Lavater, 1/2 s. N.
Sa grand'mère : 1/2 s. N., par The Heir-of-Linne, 1/2 s. A.
Le Pin : 1887. — Saint-Lô : 1891. — Non présenté en 1898
S. R. depuis.

FIER-A-BRAS. — H. N.
N. 1883. — Calvados.
Par *Niger*, 1/2 s. N., et *Arlette*, par Normand, 1/2 s. N.
Sa grand'mère : par Conquérant, 1/2 s. N.
Le Pin : 1888. — Réformé le 22 août 1896.

FINANCIER (approuvé). — M. P. Leméteyer. (Manche.)
B. 1883. — Calvados.
Par *Turco et Renémesnil*, 1/2 s. N., et une fille de Soldat, 1/2 s. N.
Sa grand-mère : par Estafette, 1/2 s. N.
Saint-Lô : depuis 1887.

FLORIDOR (approuvé). — M. Roussel (Manche).
B. 1892. — Manche.
Par *Impérieux*, 1/2 s. N., et une fille de Daniel, 1/2 s. N.
Saint-Lô : depuis 1896.

FLORIDOR, ex-**FRANCISCAIN**. — H. N.
B. 1883. — Manche.
Par *Quickly*, 1/2 s. N., et *Bijou*, par Beaumanoir, 1/2 s. N.
Sa grand'mère, par Lion-d'Or, 1/2 s. N.
Sa bisaïeule, par Centaure, 1/2 s. N.
Saint-Lô : 1887-1899. — Réformé après la monte et abattu.

FOLLET. — H. N.
B. 1883. — Calvados.
Par *Camembert*, P. S. A., et *Verveine*, par Valdemar, 1/2 s. N.
Sa grand'mère : par Lacour, 1/2 s. N.
Saint-Lô : depuis 1887.

FONTAINEBLEAU. — H. N.
N. 1883. — Calvados.
Par *Tigris*, 1/2 s. N., et *Lætitia*, par Idoménée, 1/2 s. N.
Sa grand'mère : N., 1/2 s. N., par Eylau, P. S. A.-A.
Saint-Lô : 1887-1889. — Réformé après la monte et castré

FONTENAY. — H. N.
B. 1883. — Calvados.
Par *Tigris*, 1/2 s. N., et *Coquette*, par Renémesnil, 1/2 s. N.
Sa grand'mère : par Libérator, 1/2 s. A.
Saint-Lô : depuis 1888.

FORBAN, ex-FONDATEUR. — H. N.

B. 1883. — Manche.

Par *Ministère*, P. S. A., et *Belle-de-Jour*, par Ignoré, 1/2 s. N.

Sa grand'mère : par Egésippe.

Saint-Lô : depuis 1887. — Réformé le 7 août 1901 après la monte.

FORBAN (approuvé). — M. A. Lereculey. (Manche).

Al. 1883. — Manche.

Par *Sorcier*, 1/2 s. N., et *La Belle*, par Imposteur. 1/2 s. N.

Sa grand'mère : par Elu, 1/2 s. N.

Saint-Lô : depuis 1887.

FRANCISQUE (approuvé). — M. R. d'Abzac (Seine-et-Oise).

Al. 1883. — Manche.

Par *Ujiji*, 1/2 s. N., et une fille d'Invariable, 1/2 s. N.

Le Pin : depuis 1888. — S. R. en 1901.

FRANKLIN. — H. N.

Al. 1883. — Calvados.

Par *Inger*, 1/2 s. N., et *Clérette*, 1/2 s. N., par Liberator, 1/2 s. A.

Sa grand'mère : une fille de Jactator, 1/2 s. N.

Le Pin : 1887. — Mort le 19 mai 1891.

FRED-ARCHER. — H. N.

B. 1883. — Calvados.

Par *Normand*, 1/2 s. N., et *Verveine*, par Noville, 1/2 s. N.

Sa grand'mère : Vilna, par Y., 1/2 s. N.

Sa bisaïeule : Victoire, par un P. S. A.

Saint-Lô : depuis 1888.

FREIN. — H. N.

N. 1883. — Manche.

Par *Orphée*, 1/2 s. N., et *Moutonne*, par Harmonieux, 1/2 s. N.

Le Pin : 1887-1899. — Réformé après la monte et abattu.

FRONDEUR. — H. N.

Bb. 1883. — Orne.

Par *Valdempierre*, 1/2 s. N., et *Zéphirine*, par Kilomètre, 1/2 s. N.

Sa grand'mère : par Moteur, 1/2 s. N.

Saint-Lô : depuis 1887.

FUMET. — H. N.
Bb. 1883. — Manche.
Par *Aristocrate*, 1/2 s. N., et *Espérance*, par Phare, 1/2 s. N.
Sa grand'mère : par Urus, 1/2 s. N.
Le Pin : 1887. — Réformé le 27 octobre 1897 et castré.

FURIEUX (approuvé). — M. Lecanu.
Al. 1883. — Manche.
Par *Théodoros*, P. S. A., et une fille de Feu-de-Joie, 1/2 s. N.
Sa grand'mère : par Victorieux, 1/2 s. N.
Sa bisaïeule : par Assault, P. S. A.
Saint-Lô : 1887. — Réformé en 1898 (n'a pas fait la monte).

FUSCHIA. — H. N.
B. 1883. — Manche.
Par *Reynolds*, 1/2 s. N., et *Rêveuse*, par Lavater, 1/2 s. N.
Sa grand'mère : Sympathie, P. S. A.
Le Pin : depuis 1889.

GALANT II. — H. N.
B. 1884. — Orne.
Par *Uriel*, 1/2 s. N., et *Yvonne*, 1/2 s. N., par Faust, P. S. A.
Sa grand'mère : par Noteur, 1/2 s. N.
Le Pin : 1889. — Réformé le 7 août 1901 après la monte.

GALBA. — H. N.
Al. 1884. — Sarthe.
Par *Phaëton*, 1/2 s. N., et *Fleur-de Genêt*, par Gall, 1/2 s. N.
Sa grand'mère : par Inkermann, 1/2 s. N.
Sa bisaïeule : par Tipple-Cider, P. S. A.
Le Pin : 1888.
Réformé le 8 août 1900 après la monte.

GALLIEN (approuvé). — M. Ed. Gamare.
N. 1884. — Calvados.
Par *Noville*, 1/2 s. N., et une fille de Conquérant, 1/2 s. N.
Sa grand'mère : Yelva, 1/2 s. N., par The Norfolk-Phœnomenon,
1/2 s. A.
Le Pin : 1888. — Vendu en 1893.

GASTADOUR. — H. N.
B. 1884. — Orne.
Par *Phaëton*, 1/2 s. N., et *Corantine*, par Quiclet, 1/2 s. N.
Sa grand'mère : par Inkermann, 1/2 s. N.
Le Pin : depuis 1888.

GAVESTON. — H. N.
B. 1884. — Manche.
Par *Vendôme*, 1/2 s. N., et *Fanny*, par Kabin, 1/2 s. N
Sa grand'mère : par Victorieux, 1/2 s. N.
Le Pin : 1888.
Réformé le 8 août 1900 après la monte.

GEORGES (approuvé). — M. Legoupil (Manche).
B. 1882. — Manche.
Par *Vigilant*, 1/2 s. N., et une fille de Volte-Face, 1/2 s. N.
Saint-Lô : depuis 1886.

GÉRARDMER. — H. N.
B. 1884. — Manche.
Par *Tempête*, 1/2 s. N., et *Volante*, par Volant, 1/2 s. N.
Sa grand'mère : 1/2 s. N., par Sir-Henry, 1/2 s A.
Le Pin : depuis 1888.

GERMINAL. — H. N.
B. 1884. — Manche.
Par *Reynolds*, 1/2 s. N., et *Poulot*, par Quotient, 1/2 s. N.
Sa grand'mère : par Ursin, 1/2 s. N.
Saint-Lô : 1888-1897. — Réformé le 15 janvier 1898 et abattu.

GIBRALTAR. — H. N.
B. 1884. — Manche.
Par *Beautiful*, 1/2 s. N., ou *Siroc*, 1/2 s. N., et *Sans-Tache*,
par Ugolin, 1/2 s. N.
Sa grand'mère : par Pledge, 1/2 s. N.
Saint-Lô : depuis 1888.

GITANO (approuvé).
MM. Gost, 1890 ; M. Lechaptois, 1891.
B. 1884. — Manche.
Par *Lavater*, 1/2 s. N., et *Manche*, par Regnard, 1/2 s. N.
Sa grand'mère : par The Heir-of-Linne, P. S. A.
Le Pin : 1890. — Saint-Lô : 1891. — Réformé en 1891.

GLANEUR (accepté). — M. Lemonnier.
B. 1890. — Calvados.
Par *Cherbourg*, 1/2 s. N., et *Bacchante*, par Niger, 1/2 s. N.
Le Pin : 1895. — S. R. depuis cette époque.

GLANEUR. — H. N.
B. 1884. — Orne.
Par *Valdempierre*, 1/2 s. N., et *Fille-de-Cœur*, 1/2 s. N.,
par Phœnomenon, 1/2 s. A.
Sa grand'mère : Dame-de-Cœur, 1/2 s. N., par Wildfire, 1/2 s. A.
Le Pin : 1889. — Réformé le 16 décembre 1898 et castré.

GONDOLIER (accepté). — M. Fontenier.
Approuvé en 1899.
N. 1891. — Normandie.
Par *Galba*, 1/2 s. N., et une fille de Train-Poste, 1/2 s. N.
Saint-Lô : depuis 1897.

GONZAGUE, ex-**GARÇONNET**. — H. N.
B. 1884. — Manche.
Par *Agnadel*, 1/2 s. N., et *Paulette*, par O'Connel, 1/2 s. N.
Sa grand'mère, par Corsair, 1/2 s. A.
Le Pin : 1888. — Réformé le 14 janvier 1897 et castré.

GORENFLOT. — H. N.
B. 1884. — Calvados.
Par *Opium et Coquette*, par Million, 1/2 s. N.
Sa grand'mère : par Regnier, 1/2 s. N.
Le Pin : 1888. — Réformé le 27 octobre 1897 et castré.

GOUDRON, ex-**GAETAN**. — H. N.
B. 1884. Manche.
Par *Aveyron*, 1/2 s. N., et *Lisette*, par Villiers, 1/2 s. N.
Sa grand'mère : par Régulier, 1/2 s. N.
Saint-Lô : depuis 1888.

GRAND-MAITRE. — H. N.
B. 1884. — Orne.
Par *Barrabas*, 1/2 s. N., et *Séduisante*, par Palanquin, 1/2 s. N,
ou Tributaire, 1/2 s. N.
Sa grand'mère : par Buci, 1/2 s. N.
Sa bisaïeule : par Aï, 1/2 s. N.
Saint-Lô : depuis 1888.

GRANIER. — H. N.
N. 1884. — Calvados.
Par *Phare*, 1/2 s. N., et *Rapide*, par Ugolin, 1/2 s. N.
Sa grand'mère : par Séduisant, 1/2 s. N.
Le Pin : 1888. — Réformé le 9 août 1898 et castré.

GREC. — H. N.
Bb. 1884. — Manche.
Par *Bataillon*, 1/2 s. N., et *Cocotte*, par Bandit, 1/2 s. N.
Saint-Lô : 1888. — Mort le 10 janvier 1898.

GUERROYEUR. — H. N.
B. 1884. — Manche.
Par *Ministère*, P. S. A., et *Pimpante*, par Régnard, 1/2 s. N.
Sa grand'mère : par Séduisant, 1/2 s. N.
Saint-Lô : depuis 1888.

HADGY II (accepté). — M. Épinette.
N. 1888. — Orne.
Par *Hadgy*, 1/2 s. Ar., et une fille de Tambour, 1/2 s. N.
Le Pin : 1897. — S. R. depuis cette époque.

HADING, ex-**HORACE**. — H. N.
B. 1885. — Manche.
Par *Ministère*, P. S. A,, et *Léotard*, par Léotard, 1/2 s. N.
Sa grand'mère : par Violent, 1/2 s. N.
Saint-Lô : 1889.
Réformé le 8 août 1900 après la monte.

HALIFAX (approuvé).
M. Bisson, 1889. — M. Ed. Bédard, 1895.
B. 1885. — Calvados.
Par *Tourville*, 1/2 s. N., et *Julie*, par John, 1/2 s. N.
Saint-Lô : 1889. — Non présenté en 1898.

HALLALI. — H. N.
B. 1885. — Manche.
Par *Lavater*, 1/2 s. N., et *Allumette*, par The Heir-of-Linne, P. S. A.
Sa grand'mère : Kindler, 1/2 s. N., par Eylau, P. S. A.-A.
Sa bisaïeule : Kindler, jument anglaise.
Saint-Lô : depuis 1889.

HALLENCOURT. — H. N.
Bb. 1885. — Orne.
Par *Dictateur*, 1/2 s. N., et *Ida*, par Niger, 1/2 s. N.
Sa grand'mère : Esméralda, par Elu, 1/2 s. N.
Sa bisaïeule : Alphérie, 1/2 s. N., par Fitz-Pantaloon, P. S. A.
Sa trisaïeule : Ida II, 1/2 s. N., par William, P. S. A.
Sa quadrisaïeule : Ida Ire, par Basly, 1/2 s. N.
Le Pin : 1890. — Réformé le 9 août 1898 et castré.

HARDY. — H. N.

B. 1880. — Seine-Inférieure.

Par *Normand*, 1/2 s. N., ou *Y. Quick-Silver*, 1/2 s. A.,
et *L'Abbaye*, par Ouvrier, 1/2 s. N.

Le Pin 1888-1899. — Réformé après la monte de 1899. — Abattu.

HARFLEUR (approuvé). — M. Lebeurrier (Manche).

Al. 1885. — Orne.

Par *Gabier*, P. S. A., et une fille de Jactator, 1/2 s. N.

Saint-Lô : depuis 1889.

HARLEY. — H. N.

N. 1885. — Calvados.

Par *Phaëton*, 1/2 s. N., et *Turlurette*, par Normand, 1/2 s. N.

Sa grand'mère : Niska, par Ignace, 1/2 s. N.

Sa bisaïeule : N., par Usager, 1/2 s. N.

Sa trisaïeule : N., par Dorus, 1/2 s. N.

Saint-Lô : depuis 1891.

HARMONIEUX (approuvé). — M. Lepailleur (Calvados).

B. 1885. — Calvados.

Par *Cordebugle*, 1/2 s. N., et une fille de Seymour, 1/2 s. N.

Saint-Lô : depuis 1890.

HAROLD. — H. N.

Bb. 1885. — Manche.

Par *Spectre*, 1/2 s. N., et *Volante*, par Nicanor, 1/2 s. N.

Sa grand'mère : 1/2 s. N., par Fire-Away, 1/2 s. A.

Le Pin : depuis 1889.

HAUTAIN, 1/2 s. N.

Approuvé. — M. Lemonnier, à Gonstranville.

Noir mal teint, né en 1891.

Par *Tigris* et *Ethel-Maries*, P. S.

Le Pin : depuis 1899. — A fait la monte en 1898 dans la Mayenne.

HAUT-VOL, ex-**HÉCLA**. — H. N.

B. 1885. — Calvados.

Par *Auteuil*, 1/2 s. N., et *Coquette*, 1/2 s. N., par Voltaire, 1/2 s. N.

Sa grand'mère : fille de Courcy, 1/2 s. N.

Le Pin : 1889.

Réformé le 17 décembre 1900 après la monte.

HAVAS, ex-HARDI. — H. N.
Bb. 1885. — Orne.
Par *Valdempierre*, 1/2 s. N., et *Mondragore*, par Niger, 1/2 s. N.
Sa grand'mère : par Taconnet, 1/2 s. N.
Le Pin : depuis 1889.

HÉCLA. — M. Hervieux, 1889. — H. N., depuis 1890.
Bb. 1885. — Calvados.
Par *Valdempierre*, 1/2 s. N., et *Peschiera*, par Extase, 1/2 s. N.
Sa grand'mère : par Conquérant, 1/2 s. N.
Le Pin : 1889.
Réformé le 8 août 1900 après la monte.

HERCULE-NORMAND. — H. N.
N. 1885. — Calvados.
Par *Tigris*, 1/2 s. N., et *Commère*, par Normand, 1/2 s. N.
Sa grand'mère : par Conquérant, 1/2 s. N.
Le Pin : 1890. — Réformé le 7 août 1901 après la monte.

HÉRITIER. — H. N.
Al. 1885. — Manche.
Par *Macouba*, 1/2 s. N., et *Dorade*, 1/2 s. N., par Shamrock,
1/2 s. N.
Sa grand'mère : par Quasi, 1/2 s. N.
Sa bisaïeule : par Eminent, 1/2 s. N.
Saint-Lô : 1889-1899. — Réformé après la monte de 1899. — Castré.

HERMANN. — M. P. Grente ; 1899. — M. Bon, 1894 (Manche).
B. 1885. — Normandie.
Par *Attila*, 1/2 s. N., et une fille de Lavater, 1/2 s. N.
Sa grand'mère : par The Heir-of-Linne, P. S. A.
Saint-Lô : depuis 1889.

HÉRODE. — H. N.
Al. 1891. — Calvados.
Par *Fuschia*, 1/2 s. N., et *Niobé*, par Phaéton, 1/2 s. N.
Sa grand'mère : Patrie, 1/2 s. N., par Y. Quick-Silver, 1/2 s. A.
Sa bisaïeule : Rigolette, par Bayard, 1/2 s. N.
Saint-Lô : depuis 1895.

HÉRON (approuvé). — Mme Ve Lereculey (Manche).
B. 1885. — Manche.
Par *Alsacien*, 1/2 s. N., et une 1/2 s. N., par Bravo, 1/2 s. A.
Sa grand'mère : par Ignoré, 1/2 s. N.
Saint-Lô : depuis 1889.

HETMAN. — H. N.
Al. 1891. — Calvados.
Par *Fuschia*, 1/2 s. N., et *Nacelle*, par Phaéton, 1/2 s. N.
Le Pin : depuis 1895.

HEXAMÈTRE, ex-**HARCOURT**. — H. N.
N. 1885. — Orne.
Par *Sir-Quid-Pigtail*, P. S. A., ou *Gédéon*, P. S. A., et *Juana*,
par Lavater, 1/2 s. N.
Sa grand'mère : Orientale, par Quaker, 1/2 s. A.
Sa bisaïeule : par Succès, 1/2 s. N.
Sa trisaïeule : Elisa, 1/2 s. N., par Corsair, 1/2 s. A.
Sa quadrisaïeule : Elise, 1/2 s. N., par Marcellus, P. S. A.
Saint-Lô : 1889. — Mort le 13 novembre 1899.

HIGHT (approuvé). — M. Vangeon.
Bb. 1885. — Calvados.
Par *Seymour*, 1/2 s. N., et une fille de Reynolds, 1/2 s. N.
Sa grand'mère : Lisette, 1/2 s. N., par Washington, 1/2 s. Al.
Saint-Lô : 1889. — Non présenté depuis 1893.

HIMALAYA. — H. N.
Al. 1885. — Orne.
Par *Chalcas*, 1/2 s. N., et *Cornélie*, par Usquebac, 1/2 s. N.
Sa grand'mère : par Hidalgo, 1/2 s. N.
Le Pin : 1889.
Réformé le 17 décembre 1900 après la monte. — Abattu.

HOMARD. — H. N.
Bb. 1885. — Calvados.
Par *Tigris*, 1/2 s. N., et *Diva*, par Normand, 1/2 s. N.
Sa grand'mère : par Miss-Mowbray, P. S. A.
Le Pin : 1890. — Réformé le 7 août 1901 après la monte.

HONORABLE (approuvé). — M. Mette ; M. Lerdu (Calvados).
Al. 1885. — Calvados.
Par *Barberousse*, 1/2 s. N., et une fille de Kabin, 1/2 s. N.
Sa grand'mère : par Lucullus, 1/2 s. N.
Saint-Lô : depuis 1889.

HOSPODAR (approuvé). — M. Vendel.
Al. 1885. — Normandie.
Par *Gabier*, 1/2 s. A., et une fille de Jactator, 1/2 s. N.
Sa grand'mère : par Centaure ou Séducteur, 1/2 s. N.
Le Pin : 1890. — Castré en 1892.

HUNALD. — H. N.
Bb. 1885. — Orne.
Par *Quiclet*, 1/2 s. N., et *Fortunée*, par Thésée, 1/2 s. N.
Sa grand'mère : N., 1/2 s. N., par Phœnomenon, 1/2 s. A.
Saint-Lô : 1889. — Réformé le 6 août 1898 et castré.

HYSOPE. — H. N.
Par *Utrecht*, 1/2 s. N., et *Margot*, par Newton, 1/2 s. N.
Sa grand'mère : par Beaumanoir, 1/2 s. N.
Saint-Lô : 1889. — Réformé le 7 août 1901 après la monte.

IAMBE, ex-**IBIS**. — H. N.
B. 1886. — Orne.
Par *Cherbourg*, 1/2 s. N., et *Violette*, par Parthénon, 1/2 s. N.
Sa grand'mère : 1/2 s. N., par Norfolk-Trotter, 1/2 s. A.
Le Pin : depuis 1890.

IBIS (approuvé). — M. Nicolle.
Gr. 1886.
Par *Bataclan IV*, 1/2 s. N., et *N.*, par Riband, 1/2 s. N.
Saint-Lô : 1890. — N'a pas fait la monte de 1890.
S. R. depuis 1891.

IBIS. — H. N.
Bb. 1886. — Calvados.
Par *Lavater*, 1/2 s. N., et *Deuil*, par Normand, 1/2 s. N.
Sa grand'mère : Harriett, P. S. A., par Charlatan.
Saint-Lô : depuis 1890.

IDÉAL (approuvé). — M. d'Imbleval.
Ro. 1886. — Normandie.
Par *Serpolet-Rouan*, 1/2 s. N., et une fille de Recteur, 1/2 s. N.
Le Pin : 1891. — Vendu à la Belgique en 1895.

IDOINE (approuvé). — M. Tourgis (Calvados).
B. 1886. — Manche.
Par *Utrecht*, 1/2 s. N., et *Bijou*, par Luther, 1/2 s. N.
Sa grand'mère, par Nelson, 1/2 s. N.
Saint-Lô : depuis 1890. — S. R. en 1901.

IF. — H. N.
B. 1886. — Manche.
Par *Tempête*, 1/2 s. N., et *Lisette*, par Page, 1/2 s. N.
Sa grand'mère : par Quiévrain, 1/2 s. N.
Le Pin : 1890-1892. — Passé cheval de service après la monte
de 1892. — Réformé et castré le 25 janvier 1896.

IGOR. — H. N.
N. 1886. — Orne.
Par *Cherbourg*, 1/2 s. N., et *Braconnière*, P. S. A.
Saint-Lô : 1890. — Le Pin : 11 décembre 1890.
Affecté au manège de l'École des Haras le 11 décembre 1890.
Castré en 1892. — Réformé et vendu le 26 décembre 1896.

ILLUSTRE. — H. N.
B. 1886. — Calvados.
Par *Utique*, 1/2 s. N., et *Léda*, par Phare, 1/2 s. N.
Sa grand'mère : Victoire, par Conquérant, 1/2 s. N.
Sa bisaïeule : Bijou, par Vice-Roi, 1/2 s. N.
Sa trisaïeule : N., par Carrossier, 1/2 s. N.
Sa quadrisaïeule : N., par Historien, 1/2 s. N.
Saint-Lô : 1890-1899.
Réformé après la monte de 1899. — Castré.

ILOT (accepté). — M. Lefey-Fontaine.
B. 1893. — Manche.
Par *Ilot*, 1/2 s. N.
Saint-Lô : 1897. — Non présenté à la Commission sanitaire de 1899.

ILOT. — H. N.
B. 1886. — Calvados.
Par *Phaëton*, 1/2 s. N., et *Neustria*, par Normand, 1/2 s. N.
Sa grand'mère : par Eclipse, 1/2 s. N.
Saint-Lô : depuis 1890.

ILOTE. — H. N.
Al. 1886. — Orne.
Par *Beaugé*, 1/2 s. N., et *Eva*, par Phaëton, 1/2 s N.
Sa grand'mère : Pégriote, par Elu, 1/2 s. N.
Le Pin : 1890-1899.—Réformé après la monte de 1899. — Castré.

IMPATIENT (approuvé).—M.Pierre (Calvados).—M.Desgranges.
Al. 1886.—Calvados.
Par *Delaware*, 1/2 s. N., et 1/2 s. N., par Brocardo, 1/2 s. A.
Saint-Lô : depuis 1890.

INCANDESCENT, ex-INTERPRÈTE. — H. N.
B. 1886. — Manche.
Par *Utrecht* ou *Quinte-Curce*, 1/2 s. N., et *Castille*, par Ménélas,
1/2 s. N.
Saint-Lô : depuis 1890.

INCONSTANT. — H. N.
Bb. 1886. — Manche.
Par *Sénéchal*, 1/2 s. N., et *Rosette*, par Harmonieux, 1/2 s. N.
Saint-Lô : 1890. — Réformé le 6 août 1898 et castré.

INDO-CHINE. — H. N.
N. 1886. — Orne.
Par *Cherbourg*, 1/2 s. N., et *Ebène*, par Niger, 1/2 s. N.
Sa grand'mère : Mademoiselle-de-Neuville, par Elu, 1/2 s. N.
Sa bisaïeule : Impatiente, par Gaulois, 1/2 s. N.
Sa trisaïeule : N., par Noteur, 1/2 s. N.
Sa quadrisaïeule : N., par Hercule, 1/2 s. N.
Saint-Lô : 1890.—Le Pin : depuis le 11 décembre 1890.
Affecté au manège de l'Ecole des Haras le 11 décembre 1890.
Castré en 1892 et mort le 26 septembre 1892.

INGAMBE. — H. N.
B. 1886. — Orne.
Par *Usquebac*, 1/2 s. N., et *Cérès*, par Gaulois, 1/2 s. N.
Sa grand'mère : 1/2 s. N., par Corelaine, 1/2 s. A.
Le Pin : 1890.
Réformé le 17 décembre 1900 après la monte.

INTENDANT. — H. N.
Al. 1886. — Sarthe.
Par *Beaugé*, 1/2 s. N., et *Belle-de-Jour*, par Inkermann, 1/2 s. N.
Sa grand'mère : Faternay, 1/2 s. N., par Tipple-Cider, P. S. A.
Ss bisaïeule : N.. 1/2 s. N., par Eylau, P. S. A.-A.
Saint-Lô : depuis 1891.

INTÉRIM (approuvé). — M. Pierre (Calvados).— M. Auger.
B. 1886. — Orne.
Par *Usquebac*, 1/2 s. N., et une fille d'Inkermann, 1/2 s. N.
Sa grand'mère : par Séducteur, 1/2 s. N.
Saint-Lô : depuis 1890.

INTERNATIONAL. — H. N.
N. 1886. — Orne.
Par *Cherbourg*, 1/2 s. N., et *Travailleuse*, 1/2 s. N.,
par Marx, 1/2 s. R.
Sa grand'mère : Miss-Bell, 1/2. s. Am.
Le Pin : 1890. — Passé au manège de l'Ecole des Haras
le 27 octobre 1897.

INTRÉPIDE. — H. N.
B. 1886. — Manche.
Par *Reynolds*, 1/2 s. N., et *Ugoline*, par Ugolin, 1/2 s. N.
Sa grand'mère : par Nemrod, 1/2 s. N.
Saint-Lô : depuis 1890.

INTRIGANT. — H. N.
B. 1886. — Orne.
Par *Cherbourg*, 1/2 s. N., et *Rosamonde*, par Quiclet, 1/2 s. N.
Sa grand'mère : Alphérie, 1/2 s. N., par Fitz-Pantaloon, P. S. A.
Le Pin : 1890. — Affecté au manège de l'Ecole,
le 1er septembre 1890, après la monte de 1890.

IONIEN (approuvé). — M. Voisin (Calvados).
B. 1886. — Manche.
Par *Colporteur*, 1/2 s. N., et *Castille*, par Teinturier, 1/2 s. N.
Saint-Lô : depuis 1890.

ISARD, 1/2 s. N.
Approuvé. — M. Lemonnier (Calvados).
B. 1892. — France.
Par *Valencourt*, 1/2 s. N., et *Pastille*, par Rivoli, 1/2 s. N.
Le Pin : depuis 1898.

ISIGNY (approuvé). — M. Anger.
B. 1886. — Manche.
Par *Sorcier*, 1/2 s. N., et une fille de Ratapoil, 1/2 s. N.
Sa grand'mère : par Lord, 1/2 s. N.
Saint-Lô : depuis 1890.

ISPAHAN (approuvé). — Mme Ve Champion (Manche).
B. 1886. — Manche.
Par *Aguadel*, 1/2 s. N., et *Rigolette*, par Pater, 1/2 s. N.
Sa grand'mère : par Samman, 1/2 s. Ar.
Saint-Lô : depuis 1890.

IVOIRE (approuvé). — M. Le Marchand (Manche).
N. 1886. — Normandie.
Par *Seigneur II*, P. S. A., et une fille d'Ignoré, 1/2 s. N.
Saint-Lô : depuis 1891.

JACQUES. — H. N.
B. 1887. — Calvados.
Par *Coq-à-l'Ane*, 1/2 s. N., et *Bérénice*, par Kilomètre, 1/2 s. N.
Sa grand'mère : Fortune, P. S. A., par Tonnerre-des-Indes.
Sa bisaïeule : Harriett, P. S. A., par Charlatan.
Saint-Lô : 1891. — Réformé le 5 août 1899. — Castré.

JADIS. — H. N.
Bb. 1894. — Calvados.
Par *Qui-Vive !* 1/2 s. N. (approuvé), et *Nadège*, 1/2 s. N.,
par Phaéton, 1/2 s. N.
Sa grand'mère : *Amourette*, P. S. A.
Le Pin : 1898. — Mort le 15 juin 1899.

JAGELLON, ex-**MIC-MAC**. — H. N.
B. 1887. — Orne.
Par *Valencourt*, 1/2 s. N., et *Deborah*, par Conquérant, 1/2 s. N.
Sa grand'mère : Zélie, par Centaure, 1/2 s. N.
Sa bisaïeule : Julia, par Virgile, 1/2 s. N.
Sa trisaïeule : Fleurette, 1/2 s. N., par Lully, P. S. A.
Saint-Lô : depuis 1891.

JAGUAR (approuvé).
M. Perdriel, 1891 : M. de Clamorgan, 1893 ;
M. Brisset, 1898 (Manche).
B. 1887. — Normandie.
Par *Lavater*, 1/2 s. N., et une fille de Télémaque, 1/2 s. N.
Saint-Lô : depuis 1891.

JAGUAR III, 1/2 s. N. — H. N.
B. 1887. — Manche.
Par *Lavater*, 1/2 s. N., et *Friandise*. par Ministère, P. S. A.
Le Pin : depuis 1892. — Réformé le 9 août 1898.
Réintégré en 1901.

JAIS (approuvé). — M. Allain.
N. 1887. — Normandie.
Par *Acquila*, 1/2 s. N., et *N.*, par Louviers, 1/2 s. N.
Saint-Lô : 1892. — Mort en 1896.

JALAP (approuvé).
M. Lemesnager, 1891 ; M. Hirbec, 1895 (Manche).
B. 1887. — Normandie.
Par *Épicurien*, 1/2 s. N., et une fille de Macouba, 1/2 s. N.
Saint-Lô : depuis 1891.

JALOUX. — H. N.
B. 1887. — Orne.
Par *Phaëton* et une fille de Centaure, 1/2 s. N.
Sa grand'mère : par Lully, P. S. A.
Le Pin : 1882. — Réformé après la monte de 1899. — Castré.

JAMAIS. — H. N.
N. 1887. — Manche.
Par *Vautrain*, 1/2 s. N., et *Lisette*, par Sans-Gêne, 1/2 s. N.
Saint-Lô : 1891. — Réformé le 5 août 1899. — Castré.

JAMBES-D'ACIER (approuvé). — M. Lethiers (approuvé).
B. 1887. — Orne.
Par *Cicéron II*, 1/2 s. N., et *Harmonie*, par Conquérant, 1/2 s. N.
Le Pin : 1892. — Vendu en 1892.

— 49 —

JAMES, ex-JARNAC. — H. N.
B. 1887. — Orne.
Par *Cherbourg*, 1/2 s. N., et *Cocote*, par Épervier, P. S. A.
Sa grand'mère : Frou-Frou, par Zouave, P. S. A.
Le Pin : 1891-1892.
Affecté au manège de l'École le 21 septembre 1892.

JAMES-WATT. — H. N.
Al. 1887. — Orne.
Par *Phaëton*, 1/2 s. N., et *Dame-d'Honneur*, 1/2 s. N.,
par Vichnou, P. S. A.
Sa grand'mère : Mademoiselle-de-Neuville, par Élu, 1/2 s. N.
Sa bisaïeule : fille de Gaulois ou Inkermann, 1/2 s. N.
Le Pin : depuis 1891.

JANUS (approuvé). — M. L. Desgénetais.
B. 1886. — Orne.
Par *Phaëton*, 1/2 s. N., et *Frétillon*, par Serpolet-Bai, 1/2 s. N.
Le Pin : 1892. — S. R. depuis.

JANUS. — H. N.
B. 1887. — Manche.
Par *Sénéchal*, 1/2 s. N., et *Lapin*, par Harmonieux, 1/2 s. N.
Sa grand'mère : par Séduisant, 1/2 s. N.
Le Pin : 1891. — Réformé le 16 décembre 1898 et castré.

JANVIER (approuvé). — M. Le Marchand ;
M. Voisin (Calvados).
B. 1887. — Normandie.
Par *Delaunay*, 1/2 s. N., et une fille de Dragon, 1/2 s. N.
Saint-Lô : 1891. — S. R. depuis 1899.

JANVIER (approuvé). — M. Voisin (Calvados).
Bb. 1887. — Normandie.
Par *Dunois*, 1/2 s. N., et une fille de Phare, 1/2 s. N.
Saint-Lô : depuis 1891.

JAPHET. — H. N.
B. 1887. — Calvados.
Par *Eperlan*, 1/2 s. N., et *La Mascotte*, par Templier, 1/2 s N.
Saint-Lô : depuis 1891.

4.

JARNAC (approuvé).
M. Nicole, 1891 ; M. Voisin, 1891 (Calvados).
B. 1887. — Normandie.
Par *Alsacien*, 1/2 s. N., et une fille de Mirliton, 1/2 s. N.
Saint-Lô : depuis 1891.

JARNAC – H. N.
Bb 1887. — Manche.
Par *Colporteur*, 1/2 s. N., et *Caroline*, par J'y-Songerai, 1/2 s. N.
Sa grand'mère : par Divus, 1/2 s. N.
Saint-Lô : depuis 1891.

JAY (approuvé). — M. Ballière.
Bb. 1886. — Normandie.
Par *Acquila*, 1/2 s. N., et une fille de Louviers, 1/2 s. N.
Le Pin : 1891. — S. R. depuis.

JAY (approuvé). — M. Gost ; M. Dujardin (Manche).
N. 1886. — Normandie.
Par *Acquila*, 1/2 s. N., et une fille de Stade, 1/2 s. N.
Le Pin : 1891.
Saint-Lô : 1892. — S. R. depuis 1899.

JAY (approuvé). —M. Godard, 1892 ; M. Dujardin, 1895 (Manche).
N. 1887. — Normandie.
Par *Acquila*, 1/2 s. N., et *N.*, par Niger, 1/2 s. N.
Sa grand'mère : par Stade, 1/2 s. N.
Saint-Lô : depuis 1892.

JEAN-DE-NIVELLE. — H. N.
Bb. 1887. — Calvados.
Par *Coq-à-l'Ane* et *Galathée*, par Conquérant, 1/2 s. N.
Saint-Lô : depuis 1892.

JEAN-DE-NIVELLE II. — H. N.
B. 1887. — Calvados.
Par *Valencourt*, 1/2 s. N., et *Jeanne-d'Arc*, par Conquérant, 1/2 s. N.
Sa grand'mère : Jeanne-la-Folle, par The Heir-of-Linne, P. S. A.
Le Pin : 1891-1899. — Réformé après la monte de 1899. — Castré.

JEAN-LE-GROS, ex-**JUSSEY**. — H. N.
B. 1887. — Manche.
Par *Echec*, 1/2 s. N., et *Rosette*, 1/2 s. N.
Le Pin : 1891. — Mort le 23 août 1898.

JEFFERSON (approuvé). — M. Allain (Manche); M. Josseaume.
B. 1887. — Normandie.
Par *Défendu*, 1/2 s. N., et une fille de Josapha, 1/2 s. N.
Saint-Lô : depuis 1891.

JEFFERSON (approuvé). — M. P. Lemetayer (Manche).
N. 1887. — Normandie.
Par *Lavater*, 1/2 s. N., et *Follette II*, P. S. A.
Saint-Lô : depuis 1891.

JEFFREYS (approuvé). — M. Marquer (Manche).
N. 1887. — Normandie.
Par *Sobriquet*, 1/2 s. N., et une fille de Josaphat, 1/2 s. N.
Saint-Lô : depuis 1891.

J'EN-SUIS, ex-JOCKO. — H. N.
Ro. 1887. — Orne.
Par *Beaugé*, 1/2 s. N., et *Rouanne*, par Elu, 1/2 s. N.
Le Pin : 1891. — Mort le 24 février 1896.

JEUDI (approuvé). — M. Guillerme (Manche).
B. 1887. — Normandie.
Par *Lavater*, 1/2 s. N., et *Prudente*, P. S. A.
Saint-Lô : depuis 1891.

JEUMONT, ex-JÉHOVA. — H. N.
Bb. 1887. — Calvados.
Par *Acquila*, 1/2 s. N., et *Mémorable*, par Elu, 1/2 s. N.
Sa grand'mère : par Valdemar, 1/2 s. N.
Sa bisaïeule : Sylvia, par Sylvio, P. S. A.
Le Pin : depuis 1891.

JEUNE-TOUJOURS. — H. N.
Al. 1887. — Seine-Inférieure.
Par *Serpolet-Rouan*, 1/2 s. N., et *Pluta*, par Plutus, P. S. A.
Le Pin : depuis 1894.

JOCKEY, ex-JASON. — H. N.
Bb. 1887. — Calvados.
Par *Tigris*, 1/2 s. N., et *Reinette*, par Normand, 1/2 s. N.
Sa grand'mère : Gitana, P. S. A.
Saint-Lô : 1891. — Réformé le 9 décembre 1899. — Castré.

JOINVILLE II. — H. N.
B. 1887. — Orne.

Par *Cherbourg*, 1/2 s. N., et *Célimène*, par Niger, 1/2 s. N.
Sa grand'mère : Edine, 1/2 s. N., par Brocardo, P. S. A.

Saint-Lô : 1891. — Réformé le 17 décembre 1900 après la monte.

JOLIBOIS. — H. N.
B. 1887. — Orne.

Par *Cherbourg*, 1/2 s. N., et *Dora*, par Niger, 1/2 s. N.
Sa grand'mère : par Extase, 1/2 s. N.
Sa bisaïeule : Thérézo, par Destin, 1/2 s. N.
Sa trisaïeule : Brillante, par Jéricko, 1/2 s. N.
Sa quadrisaïeule : N., par Basly, 1/2 s. N.
5e degré : N., par Impérieux, 1/2 s. N.

Saint-Lô : depuis 1891.

JOSAPHAT. — H. N.
B. 1887. — Orne.

Par *Cherbourg*, 1/2 s. N., et *Malvina*, par Buci, 1/2 s. N.
Sa grand'mère : par Aï, 1/2 s. N.

Le Pin : depuis 1891.

JOUFFROY. — H. N.
B. 1887. — Orne.

Par *Edimbourg*, 1/2 s. N., et *Impérieuse*, par Taconnet, 1/2 s. N
Sa grand'mère : Brocardine, 1/2 s. N., par Brocardo, P. S. A.

Le Pin : depuis 1891.

JOUVENCEAU. — H. N.
Al. 1887. — Orne.

Par *Cambronne*, 1/2 s. N., et *Aubade*, par Quiclet, 1/2 s. N
Sa grand'mère : par Hannon, 1/2 s. N.

Saint-Lô : depuis 1892.

JOYAU. — H. N.
B. 1887. — Calvados.

Par *Phare*, 1/2 s. N., et *Glorieuse*, par Glorieux, 1/2 s. N.

Saint-Lô : 1891. — Réformé le 9 décembre 1899. — Abattu.

JOYEUX (accepté). — M. Milcent.
Al. 1887. — Normandie.

Par *Raifort*, 1/2 s. N., et une fille de Succès, 1/2 s. N.

Saint-Lô : 1895. — Non présenté à la Commission sanitaire en 1899.
S. R. depuis.

JUBÉ, ex-JAVELOT. — H. N.
B. 1887. — Manche.
Par *Vert-Galant*, 1/2 s. N., et *Castille*, par Newton, 1/2 s. N.
Sa grand'mère : par Electeur, 1/2 s. N.
Saint-Lô : depuis 1891.

JULIEN. — H. N.
B. 1887. — Orne.
Par *Cherbourg*, 1/2 s. N., et *Jeanne-d'Arc*, par Rutabaga, 1/2 s. N.
Sa grand'mère : par Nouvion, 1/2 s. N.
Le Pin : 1891. — Réformé le 17 décembre 1900 après la monte.

JUPITER III. — H. N.
Al. 1887. — Manche.
Par *Reynolds*, 1/2 s. N., et *Virgule*, par Lavater, 1/2 s. N.
Sa grand'mère : par Maturin, 1/2 s. N.
Sa bisaïeule : par Sackos (approuvé), 1/2 s. N.
Sa trisaïeule : par Lahore, 1/2 s. N.
Saint-Lô : depuis 1891.

JUSANT. — H. N.
B. 1887. — Orne.
Par *Phaëton*, 1/2 s. N., et *Béatrix*, par Niger, 1/2 s. N.
Sa grand'mère : Drôlesse, par Pledge, 1/2 s. N.
Sa bisaïeule : N., par Dupleix, 1/2 s. N.
Sa trisaïeule : N., par Pilote, 1/2 s. N.
Sa quadrisaïeule : N., 1/2 s. N., par Bacha, P. S. Ar.
Saint-Lô : depuis 1891.

JUSTIN (approuvé). — M. Hivard, 189 ;
M. Le Marchand, 1894 (Manche).
B. 1887. — Normandie.
Par *Betting*, 1/2 s. N., et une 1/2 s. N.
Saint-Lô : depuis 1891.

JUVIGNY. — H. N.
N. 1887. — Orne.
Par *Cherbourg*, 1/2 s. N., et *Formosa*, par Niger, 1/2 s. N.
Sa grand'mère : Confiance, par Gaulois, 1/2 s. N.
Le Pin : depuis 1891.

J'Y PENSAIS, ex-JOYAU. — H. N.
B. 1887. — Orne.
Par *Edimbourg*, 1/2 s. N., et *Orphise*, par Laboureur, 1/2 s. N.
Le Pin : 1891-1892. — Castré et affecté au manège
de l'École le 2 août 1892.

KABAK. — H. N.
B. 1888. — Orne.
Par *Dictateur* (approuvé), et *Coqueluche,* par Rapid-Roan, 1/2 s. N.
Le Pin : 1892. — Réformé le 7 août 1901 après la monte.

KABAK. — H. N.
Al. 1888. — Manche.
Par *Darnétal*, 1/2 s. N., et *Sophie*, par Théophile, 1/2 s. N.
Saint-Lô : depuis 1892.

KABYLE (approuvé). — M. Roy.
B. 1888. — Normandie.
Par *Valentino*, 1/2 s. N., et *N.*, par Feu-de-Joie, 1/2 s. N.
Le Pin : 1892. — S. R. depuis.

KACHEMIR. — H. N.
N. 1888. — Orne.
Par *Phaéton*, 1/2 s. N., et *Fille-Normande*, 1/2 s. N..
par Normand, 1/2 s. N.
Sa grand'mère : par Hannon, 1/2 s. N.
Le Pin : depuis 1892.

KADMOR. — H. N.
N. 1888. — Orne.
Par *Barrabas*, 1/2 s. N., et *Coquette*, par Kilomètre, 1/2 s. N.
Le Pin : depuis 1892.

KAIN. — H. N.
B. 1888. — Manche.
Par *Follet*, 1/2 s. N., et *Rapide*, par Sabinus, 1/2 s.-N.
Saint-Lô : 1892. — Mort le 15 octobre 1899.

KALEB (approuvé). — M. Gost.
Bb. 1888. — Normandie.
Par *Espadem*, 1/2 s. N., et *N.*, par Victorieux, 1/2 s. N.
Le Pin : 1892. — S. R. depuis.

KALI. — H. N.
N. 1888. — Orne.
Par *Phaéton*, 1/2 s. N., et *Juana*, par Lavater, 1/2 s. N.
Sa grand'mère : Orientale, par Quaker, 1/2 s. N.
Sa bisaïeule : Scolopendre, par Succès, 1/2 s. N.
Sa trisaïeule : Élisa, 1/2 s. N., par Corsair, 1/2 s. A.
Sa quadrisaïeule : Élise, 1/2 s. N., par Marcellus, P. S. A.
5e degré : La Panachée, 1/2 s. N., par D.-I.-O., P. S. A.
6e degré : N., par Matador, 1/2 s. N.
7e degré : N., 1/2 s. N., par Sommerset, 1/2 s A.
Saint-Lô : depuis 1892.

KNOUT (approuvé). — M. Lallouet.
B. 1888. — Orne.
Par *Usquébac*, 1/2 s. N., et *Coranthine*, par Quiclet, 1/2 s. N.
Le Pin : 1892. — Vendu en 1893.

KNOX (approuvé). — M. C. Hervieu (Calvados).
B. 1888. — Calvados.
Par *Etendard*, 1/2 s. N., et *Lutine*, par Tamberlik, P. S. A.
Le Pin : 1894. — Castré en 1899.

KNOX. — H. N.
B. 1888. — Calvados.
Par *Dunois*, 1/2 s. N., et *Lisette*, par Muphti, 1/2 s. N.
Sa grand'mère : par Orphelin, P. S. A.
Sa bisaïeule : par Niger, 1/2 s. N.
Saint-Lô : 1892. — Réformé le 7 août 1901 après la monte.

KOCKLANI. — H. N.
Al. 1888. — Orne.
Par *Phaëton*, 1/2 s. N., et *Volupia*, par Nolleval, 1/2 s. N.
Le Pin : 1893.—Réformé le 16 décembre 1901 après la monte.

KONING (approuvé). — M. Veugeon (Calvados).
M. Vaudry, 1901.
N. 1888. — Normandie.
Par *Farnèse*, 1/2 s. N., et *N.*, par Utrecht, 1/2 s. N.
Saint-Lô : depuis 1893.

KOPECK (approuvé). — M. Le Marchand, 1892 (Manche).
B. 1888. — Normandie.
Par *Quality*, 1/2 s. N., et *N.*, par Newton, 1 2 s. N.
Saint-Lô : 1892-1898. — A fait la monte dans l'Ain en 1899.
Passé dans la circonscription d'Annecy en 1899.

KORAN, 1/2 s. N. — H. N.
B. 1888. — Orne.
Par *Beaugé*, 1/2 s. N., et *Génoise*, par Quiclet, 1/2 s. N.
Le Pin : 1892. —Réformé et castré le 8 septembre 1899.

KORRIGAN. — H. N.
B. 1888. — Calvados.
Par *Valère*, 1/2 s. N., et *File-Vite*, 1/2 s. N.
par Jackson, 1/2 s. A.
Sa grand'mère par Juvigny, 1/2 s. N.
Saint-Lô : depuis 1892.

KOSIKI, ex-**KIRSCH**. — H. N.
B. 1888. — Manche.
Par *Colporteur*, 1/2 s. N., et *Bravade*, par Lavater, 1/2 s. N.
Sa grand'mère : Allumette, 1/2 s. N., par The Heir-of-Linne, P. S.A.
Saint-Lô : depuis 1892.

KOSSUTH. — H. N.
B. 1888. — Calvados.
Par *Tigris* et *Royale-Normande*, par Normand, 1/2 s. N.
Saint-Lô : 1892.—Réformé le 5 août 1899 après la monte et castré.

KREMLIN (approuvé). — Mᵉ Vᵉ Lereculey, 1892 (Manche).
B. 1888. — Normandie.
Par *Esbly*, 1/2 s. N., et *N.*, par Volant, 1/2 s. N.
Saint-Lô : 1892. — Vendu en 1899. — A quitté la France.

KREMLIN, 1/2 S. N.
Approuvé. — M. L. Vaudry (Calvados).
B. B. 1894. France.
Par *Valencourt*, 1/2 s. N., et *Barcarole*, par Hippomène, 1/2 s. N.
Saint-Lô : 1898. — Réformé en 1900.

KRISS. — H. N.
N. 1888. — Orne.
Par *Jadis*, 1/2 s. N., et *Florence*, par Valdempierre, 1/2 s. N.
Le Pin : depuis 1892.

KRONSTADT, ex-**LIONCEAU**. — H. N.
B. 1888. — Sarthe.
Par *Cherbourg*, 1/2 s. N., et *Bluette*, par Quiclet, 1/2 s. N.
Sa grand'mère : Fleur-de-Genêt, par Gall, 1/2 s. N.
Saint-Lô : depuis 1892.

KYMRIS. — H. N.
B. 1888. — Calvados.
Par *Phare*, 1/2 s. N., et *Mouton*, par Ribaud, 1/2 s. N.
Sa grand'mère : par Glorieux, 1/2 s. N.
Saint-Lô : depuis 1892.

LABRADOR. — H. N.
B. 1889. — Orne.
Par *Cherbourg* et *Glorieuse*, par Séducteur, 1/2 s. N.
Sa grand'mère : Écolière, par Extase, 1/2 s. N.
Sa bisaïeule : Brillante, par Jéricko, 1/2 s. N.
Sa trisaïeule : Ida II, 1/2 s. N., par William, P. S. A.
Saint-Lô : depuis 1893.

LADISLAS. — H. N.
Bb. 1889. — Manche.
Par *Colporteur*, 1/2 s. N., et *Feuille-de-Lierre*,
par Reynolds, 1/2 s. N.
Sa grand'mère : Modestie, 1/2 s. N., par The Heir-of-Linne, P. S. A.
Sa bisaïeule : N., par Ugolin, 1/2 s. N.
Sa trisaïeule : N., par Lahore, 1/2 s. N,
Sa quadrisaïeule : N., 1/2 s. N., par Eastbam, P. S. A.
Saint-Lô : 1893. — Réformé le 5 août 1899. — Castré.

LAHORE. — H. N.
Al. 1889. — Orne.
Par *Barrabas*, 1/2 s. N., et *Bébé*, 1/2 s. N.,
par Fataliste, P. S. A.
Sa grand'mère : par Centaure, 1/2 s. N.
Saint-Lô : 1893. — Réformé le 6 août 1898 et castré.

LAITON. — H. N.
Bb. 1889. — Calvados.
Par *Delaware*, 1/2 s. N., et *Arlette*, par Unal, 1/2 s. N.
Sa grand'mère : par Sillery, 1/2 s. N.
Saint-Lô : depuis 1893.

LAMA. — H. N.
B. 1889. — Manche.
Par *Domino-Noir*, 1/2 s. N., et *Negrette*,
par Sir-Edwin-Landsyer, 1/2 s. N.
Le Pin : 1893. — Passé cheval de service le 16 février 1900.

LANCE-A-MORT. — H. N.
B. 1889. — Calvados.
Par *Galba*, 1/2 s. N., et *Dame-de-Pique*, par Qui-Vive, 1/2 s. N.
Sa grand'mère : Pomme-d'Api, par Conquérant ou Illico, 1/2 s. N.
Sa bisaïeule : Cendrillon, par Conquérant.
Sa trisaïeule : Jument américaine.
Saint-Lô : 1893. — Réformé le 23 décembre 1898 et castré.

LANDEAU (approuvé). — M. Pierre (Calvados) ;
M. Le Marchand, 1899 (Manche).
Bb. 1889. — Normandie.
Par *Raming*, 1/2 s. N., et *N.*, par Sir-Henry, 1/2 s. N.
Saint-Lô : depuis 1893.

LANGEAC. — H. N.
B. 1889. — Calvados.
Par *Templier*, 1/2 s. N., et *Bijou*, par Wild-Bird, P. S. A.
Saint-Lô : depuis 1893.

LANLEFF. — H. N.
B. 1889. — Calvados.
Par *Étendard*, 1/2 s. N., et *Fleur-de-Mai*, par Phaëton, 1/2 s. N.
Le Pin : depuis 1893.

LANNES. — H. N.
B. 1889. — Calvados.
Par *Express*, 1/2 s. N., et *Conquérante*, par Apis, 1/2 s. N.
Sa grand'mère : par Conquérant, 1/2 s. N.
Sa bisaïeule : par J'y-Songerai, 1/2 s. N.
Sa trisaïeule : par Y., 1/2 s. N.
Saint-Lô : 1893. — Réformé le 8 août 1900 après la monte.

LANNION. — H. N.
B. 1889. — Manche.
Par *Fulminant*, 1/2 s. N., et *Mignonne*, par Uranine, 1/2 s. N.
Saint-Lô : depuis 1893.

LANSBORN. — H. N.
Bb. 1889. — Orne.
Par *Granier*, 1/2 s. N., et *N.*, par Taconnet, 1/2 s. N.
Le Pin : 1893. — Réformé le 1 août 1900 après la monte.

LANSQUENET. — H. N.
Bb. 1889. — Calvados.
Par *Tigris*, 1/2 s. N., et *Coquette*, par Renémesnil, 1/2 s. N.
Le Pin : 1893. — Réformé le 9 décembre 1899. — Castré.

LAPIDAIRE. — H. N.
N. 1889. — Orne.
Par *Cherbourg*, 1/2 s. N., et *Béatrix*, par Niger, 1/2 s. N.
Le Pin : 1893. — Réformé le 9 août 1898 et castré.

LAPIN (accepté). — M. Alfred Leroy.
B. 1890. — Manche.
Par *Gourmet*, 1/2 s. N., et une fille de Nonant, 1/2 s. N.
Saint-Lô : 1895. — S. R. depuis 1899.

LAPON. — H. N.
B. 1889. — Calvados.
Par *Express*, 1/2 s. N., et *Rigolette*, par Jactator, 1/2 s. N.
Sa grand'mère : par Villers, 1/2 s. N.
Saint-Lô : 1893. — Réformé le 22 août 1896 et castré.

LARA. — H. N.

B. 1889. — Manche.
Par *Écarté*, 1/2 s. N., et *Mignonne*, par Aveyron, 1/2 s. N.
Sa grand'mère : par Newton, 1/2 s. N.
Saint-Lô : depuis 1893.

LARMOR, ex-LUTHÉRIEN, ex-LUMINO.

H. N.
B. 1889. — Calvados.
Par *Etendard*, 1/2 s. N., et *Etourdie*, par Raifort, 1/2 s. N.
Le Pin : 1893. — Réformé le 9 août 1898 et castré.

LASCAR (approuvé). — M. Daubichon (Orne) ; M. Desclos, 1898.

B. 1889. — Normandie
Par *Cicéron II*, 1/2 s. N., et *Figurante*, par Phaëton, 1/2 s.
Le Pin : 1898. — Vendu en 1898.

LATRAN. — H. N.

B. 1889. — Manche.
Par *Gasparin*, 1/2 s. N., et *Lisa*, par Sublime, 1/2 s. N.
Saint-Lô : 1893. — Réformé le 7 août 1901 après la monte.

LAURIER. — H. N.

B. 1889. — Calvados.
Par *Estèphe* et *Brillante*, par Volcan, 1/2 s. N. (approuvé).
Sa grand'mère : N., 1/2 s. N., par Washington, 1/2 s. All.
Sa bisaïeule : N., par Niger, 1/2 s. N. (approuvé).
Saint-Lô : depuis 1893.

LAUTREC. — H. N.

B. 1889. — Orne.
Par *Fier-à-Bras*, 1/2 s. N., et *Fauniline*, par Quiclet, 1/2 s. N.
Le Pin : 1893-1894. — Retiré de la production le 21 décembre 1894
et passé cheval de service au Pin. — Réformé et castré
le 25 janvier 1896.

LAVABO, ex-LAURÉAT. — H. N.

B. 1889. — Manche.
Par *Dacapo*, 1/2 s. N., et *Papillon*, par Macouba, 1/2 s. N.
Sa grand'mère : par Urus, 1/2 s. N.
Saint-Lô : 1893. — Réformé le 5 août 1899. — Castré.

LAVATER II (approuvé). — M. Loslier (Manche).
Bb. 1889. — Normandie.
Par *Gil-Blas*, 1/2 s. N.; et *N.*, par Quine, 1/2 s. N.
Saint-Lô : depuis 1893.

LAVOISIER, ex-**COLPORTEUR**. — H. N.
B. 1889. — Manche.
Par *Colporteur*, 1/2 s. N., et *Volante*, par Nicanor, 1/2 s. N.
Sa grand'mère : Sophie, 1/2 s. N., par Fire-Away, 1/2 s. A.
Saint-Lô : depuis 1893.

LAZARONE. — H. N.
B. 1889. — Calvados.
Par *Hardy*, 1/2 s. N., et *Belda*, par Noville, 1/2 s. N.
Le Pin : 1893. — Réformé le 16 décembre 1901 après la monte.

LAZZI, ex-**LANSQUENET** — H. N.
B. 1889. — Calvados.
Par *Étendard*, 1/2 s. N., et *Fauvette V*, par Niger, 1/2 s. N.
Le Pin : 1893. — Réformé après la monte de 1899. — Castré.

LÉANDRE, ex-**SOT-L'Y-LAISSE**. — H. N.
B. 1889. — Sarthe.
Par *Edimbourg*, 1/2 s. N., et *Jeune-Elisa*, par Kapirat, 1/2 s. N.
Sa grand'mère : Elisa, 1/2 s. N., par Corsair, 1/2 s. A.
Sa bisaïeule : Elise, 1/2 s. N., par Marcellus, P. S. A.
Sa trisaïeule : La Panachée, 1/2 s. N., par D. I. O., P. S. A.
Sa quadrisaïeule : La Belle-Matador, par Matador, 1/2 s. N.
5e degré : N., 1/2 s. N., par Sommerset, 1/2 s. A.
Saint-Lô : depuis 1893.

LEIBNITZ. — H. N.
B. 1889. — Calvados.
Par *Gonzague*, 1/2 s. N., et *Lisette*, par Renaissant,
ou Tigris, 1/2 s. N.
Sa grand'mère : par Liberator, 1/2 s. A.
Saint-Lô : 1893. — Réformé le 5 août 1899 après la monte. — Abattu.

LEMAN. — H. N.
B. 1889. — Orne.
Par *Etudiant*, 1/2 s. N., et *Fleur-d'Epine*, par Usquebac, 1/2 s. N.
Sa grand'mère : par Quiclet, 1/2 s. N.
Saint-Lô : 1893. — Réformé le 6 août 1898 et castré.

LEMNOS. — H. N.
B. 1889. — Orne.
Par *Franklin*, 1/2 s. N., et *Cocotte*, par Saxon, 1/2 s. N.
Sa grand'mère : par Jactator, 1/2 s. N.
Saint-Lô : 1893. — Réformé le 8 août 1900 après la monte.

LENFANT. — H. N.
B. 1889. — Orne.
Par *Gastadour*, 1/2 s. N., et *Malvina*, par Usquebac, 1/2 s. N.
Le Pin : 1893. — Réformé le 14 janvier 1897 et castré.

L'ESTAFETTE (approuvé). — M. de Tesson (Manche).
Bb. 1889. — Normandie.
Par *Etendard*, 1/2 s. N., et *N.*, par Acquila, 1/2 s. N.
Saint-Lô : depuis 1894.

LEVEREAU. — H. N.
B. 1889. — Calvados.
Par *Eperlan*, 1/2 s. N., et *Fanchette*, par Thau, 1/2 s. N.
Le Pin : depuis 1893.

LEVRAUT, ex-**LEVEREAU**. — H. N.
Al. 1888. — Sarthe.
Par *Phaëton* et *Fleur-de-Genêt*, par Gall, 1/2 s. N.
Sa grand'mère : Belle-de-Jour, par Inkermann, 1/2 s. N.
Sa bisaïeule : N., 1/2 s. N., par Tripple-Cider, P. S. A.
Sa trisaïeule : N., 1/2 s. N., par Eylau. P. S. A.
Saint-Lô : depuis 1892.

LEVRIER, ex-**INCONNU**. — H. N.
B. 1889. — Manche.
Par *Esbly*, 1/2 s. N., et *Lisa*, par Sénéchal, 1/2 s. N.
Sa grand'mère : N., par Mirliton, 1/2 s. N.
Sa bisaïeule : N., 1/2 s. N., par Bravo, P. S. A.
Sa trisaïeule : N., par Camisard, 1/2 s. N.
Saint-Lô : depuis 1893.

LÉVRIER (accepté). — M. Salles.
B. 1888. — Manche.
Par *Sénéchal*, 1/2 s. N., et une fille d'Esbly, 1/2 s. N.
Saint-Lô : depuis 1897. — S. R. en 1901.

LIBAN. — H. N.
B. 1889. — Calvados.
Par *Domino-Noir*, 1/2 s. N., et *L'Étoile*, par Reynolds, 1/2 s. N.
Sa grand'mère : par Hussein, 1/2 s. N.
Saint-Lô : 1893. — Réformé le 7 août 1901 après la monte.

LIBÉRATEUR (approuvé). — M. H. Busnel (Calvados).
Bb. 1889. — Normandie.
Par *Ermite*, 1/2 s. N., et *N.*, par Léotard, 1/2 s. N.
Saint-Lô : depuis 1893.

LIGNIÈRES, ex-**CHERBOURG**. — H. N.
B. 1889. — Orne.
Par *Cherbourg*, 1/2 s. N., et *Fleur-de-Genêt*, par Courtois, P. S. A.,
ou Sir-Quid-Pigtail, P. S. A.
Le Pin : 1893. — Réformé le 7 août 1901 après la monte.

LILAS. — H. N.
B. 1889. — Orne.
Par *Fier-à-Bras*, 1/2 s. N., et *Pâquerette*, par Koping.
Sa grand'mère : par Séducteur, 1/2 s. N.
Saint-Lô : depuis 1893.

LIMIER, ex-**LUXEMBOURG**. — H. N.
B. 1889. — Manche.
Par *Colporteur*, 1/2 s. N., et *Miss-Boy*, par Pretty-Boy, P. S. A.
Sa grand'mère : par Divus, 1/2 s. N.
Sa bisaïeule : par Ravissant, 1/2 s. N.
Saint-Lô : depuis 1893.

LINCOLN (approuvé). — M. Lebeurrier (Manche).
B. 1889. — Normandie.
Par *Ballon*, P. S. A., et *N.*, par Ignoré, 1/2 s. N.
Saint-Lô : depuis 1893.

LINDOR. — H. N.
Bb. 1889. — Calvados.
Par *Étendard*, 1/2 s. N., et *Camélia*, par Montfort, P. S. A.
Sa grand'mère : Vaillante, par Interprète, 1/2 s. N.
Sa bisaïeule : N., par Buci, 1/2 s. N.
Sa trisaïeule : N., 1/2 s. N., par Ramsay, P. S. A.
Saint-Lô : depuis 1893.

LINGOT-D'OR. - H. N.
Al. 1889. — Manche.
Par *Fontenay*, 1/2 s. N., et *Rigolette*, 1/2 s. N., par Sidi, P. S. Ar.
Sa grand'mère : par Castor (approuvé), 1/2 s. N.
Saint-Lô : 1893. — Réformé après la monte de 1899. — Castré.

LIONCEAU (approuvé). — M. Loslier (Manche).
B. 1889. — Manche.
Par *Hélios*, 1/2 s. N., et *Lise*, par Quine, 1/2 s. N.
Sa grand'mère : par Lagopède, 1/2 s. N.
Saint-Lô : depuis 1884.

LISAMBART. — H. N.
B. 1889. — Manche.
Par *Sorcier*, 1/2 s. N., et *Margot*, par Lansborn (approuvé), 1/2 s. N.
Le Pin : 1893. — Réformé le 27 octobre 1897 et castré.

LISON. — H. N.
B. 1889. — Orne.
Par *Usquebac*, 1/2 s. N., et *Fleur-de-Mai*, par Quiclet, 1/2 s. N.
Sa grand'mère : N., par Solide, 1/2 s. N,
Sa bisaïeule : Diane, 1/2 s. N., par Eylau, P. S. A.-A.
Sa trisaïeule : Vendetta, par Mahomet, 1/2 s. N.
Saint-Lô : depuis 1893.

LIVAROT (approuvé). - M. Lemardelé (Manche).
Bb. 1889. — Normandie.
Par *Quality*, 1/2 s. N., et N., par Ministère, P. S. A.
Saint-Lô : depuis 1893.

LIVE. — H. N.
B. 1899. — Manche.
Par *Fontenay*, 1/2 s. N., et *Surprise*, par J'y-Songerai, 1/2 s. N.
Sa grand'mère : Élisa, par Corsair, 1/2 s. A.
Sa bisaïeule : Elise, par Marcellus, P. S. A.
Sa trisaïeule : La Panachée, par D.-I.-O., P. S. A.
Saint-Lô : 1893. — Réformé le 8 août 1900 après la monte.

LIVERPOOL. — H. N.
B. 1889. — Calvados.
Par *Don-Quichotte*, 1/2 s. N., et *Miss-Quality*, par Quality, 1/2 s. N.
Sa grand'mère : par Ignoré, 1/2 s. N.
Saint-Lô : depuis 1893.

LIVET. — H. N.
B. 1882. — Sarthe.
Par *Phaéton*, 1/2 s. N., et *Capucine*, par Crocus, 1/2 s. A.,
ou Lavater. 1/2 s. N.
Le Pin : 1887. — Réformé après la monte de 1899. — Castré.

LOKART, ex-**LADISLAS**. — H. N.
B. 1889. — Manche.
Par *Fanion*, 1/2 s. N., et *Finette*, par Nagel, 1/2 s. N.
Sa grand'mère : par Laboureur, 1/2 s. N.
Saint-Lô : 1893. — Réformé le 23 décembre 1898 et castré.

LOLLIÉRON, 1/2 s. N. — Approuvé.
M. Raymond d'Abzac, à Rambouillet (Seine-et-Oise).
Ro. 1897. — France.
Par *Lolliéron* et *Rosette*.
Le Pin : depuis 1901.

LOQUETON (approuvé).
M. Perdriel, 1893 ; M. Delarue, 1895 ; M. Allain, 1896 (Manche)·
Bb. 1889. — Normandie.
Par *Shamrock*, 1/2 s. A., et *N.*, par Bon-Espoir, 1/2 s. N.
Saint-Lô : depuis 1893.

LOREDAN (accepté). — M. Lebaudy.
B. 1889. — Normandie.
Par *Espadem*, 1/2 s. N., et une fille de Volant, 1/2 s. N.
Le Pin : 1893. — S. R. depuis cette époque.

LORIOT (approuvé). — M. de Tesson, 1894 (Manche).
Bb. 1889. — Normandie.
Par *Tigris*, 1/2 s. N., et *N.*, par Normand, 1/2 s. N.
Saint-Lô : depuis 1894.

LOTO. — H. N.
Bb. 1889. — Orne.
Par *Fier-à-Bras*, 1/2 s. N., et *Minerve*, par Serpolet-Bai, 1/2 s. N.
Sa grand'mère : Pégriote, par Elu, 1/2 s. N. (Voir *Minerve*, T. II.)
Saint-Lô : depuis 1894. — Réformé le 7 août 1901 après la monte.

LOUQSOR. — H. N.
B. 1889. — Calvados.
Par *Delaware*, 1/2 s. N., et *Rigolette*, par Duguesclin, 1/2 s. N.
Le Pin : 1893. — Réformé le 9 décembre 1899. — Castré.

LOUVAIN. — H. N.
B. 1889. — Manche.
Par *Follet*, 1/2 s. N., et *Coquette*, par Dagobert, 1/2 s. N.
Le Pin : 1893. — Réformé le 9 décembre 1899. — Castré.

LOUVIGNY. — H. N.
B. 1889 — Manche.
Par *Colporteur*, 1/2 s. N., et *Palatine*, par Palatin, P S. A.
Le Pin : 1893. — Réformé le 22 août 1896.

LOUVOIS. — H. N.
B. 1889. — Manche.
Par *Gibraltar*, 1/2 s. N., et *Castille*, par Agnadel, 1/2 s. N.
Sa grand'mère : par Nadar, 1/2 s. N.
Saint-Lô : 1893. — Réformé le 9 décembre 1899. — Castré.

LUBIN, 1/2 s. N.
Approuvé. — Mlle J. Bartheloni (Calvados).
B. 1889. — France.
Par *Serpolet-Rouan*, 1/2 s. N., et une fille de Bayard, 1/2 s. N.
Le Pin : depuis 1898.

LUCIFER. — H. N.
N. 1889. — Orne.
Par *Cherbourg*, 1/2 s. N., et *Volupté*, par Niger, 1/2 s. N.
Le Pin : depuis 1893.

LUISANT (approuvé). — M. Lelégard (Manche).
Bb. 1889. — Normandie.
Par *Utrecht*, 1/2 s. N., et par Cauchemar, 1/2 s. N.
Saint-Lô : depuis 1893.

LURON. — H. N.
Al. 1889. — Calvados.
Par *Étendard*, 1/2 s. N., et *Pauvrette*, par Domino-Noir, 1/2 s. N.
Sa grand'mère : par Ambition, 1/2 s. A.
Saint-Lô : depuis 1893.

LUSIGNAN (approuvé). — M. Pierre (Calvados).
B. 1889. — Normandie.
Par *Utrecht*, 1/2 s. N., et *N.*, par Invariable, 1/2 s. N.
Saint-Lô : depuis 1893 — S. R. en 1901.

LUSTUCRU. — H. N.
B. 1889. — Manche.
Par *Colporteur*, 1/2 s. N., et *Aurore*, par Lavater, 1/2 s. N.
Sa grand'mère : Miss-The-Heir-of-Linne, 1/2 s. N., par The Heir-of-Linne, P. S. A.
Sa bisaïeule : La Kapirat, par Kapirat, 1/2 s. N.
Sa trisaïeule : N., 1/2 s. N., par Adolphus, P. S. A.
Saint-Lô : 1893. — Réformé le 7 août 1901 après la monte.

LUXEMBOURG. — H. N.
B. 1889. — Manche.
Par *Utrecht*, 1/2 s. N., et *Bijou*, par Villiers, 1/2 s. N. (approuvé).
Sa grand'mère : par Bouton, 1/2 s. N. (approuvé).
Saint-Lô : 1893-1898. — Réformé le 6 août 1898 et castré,

LYDIEN. — H. N.
B. 1889. — Manche.
Par *Follet*, 1/2 s. N., et *Rosette*, par Hussein, 1/2 s. N.
Sa grand'mère : par Sir-Henry, 1/2 s. N.
Saint-Lô : 1893. — Réformé le 8 août 1900 après la monte.

LYNX, ex-GIBRALTAR,
B. 1889. — Manche.
Par *Gibraltar* et *Quality*, par Quality, 1/2 s. N.
Sa grand'mère : Newtone, par Newton, 1/2 s. N.
Sa bisaïeule : Agenda, par Agenda, 1/2 s. N.
Sa trisaïeule : Ugoline, par Ugolin, 1/2 s. N.
Sa quadrisaïeule : N., par Électeur, 1/2 s. N.
Saint-Lô : depuis 1893.

MAC-GREGOR. — H. N.
B. 1890. — Calvados.
Par *Hardy*, 1/2 s. N., et *Fétiche*, par Rivoli, 1/2 s. N.
Sa grand'mère : Royale-Normande, par Normand, 1/2 s. N.
Sa bisaïeule : Royale-Topaze, P. S. A.
Saint-Lô : depuis 1894.

MAC-NAB. — H. N.
B. 1890. — Calvados.
Par *Etendard*, 1/2 s. N., et *Hermine*, 1/2 s. N., par Suffolk, P.S.A.
Le Pin : 1894-1895. — Retiré de la production e 5 janvier 1896
et passé cheval de service au Pin.

MACOUBA. — H. N.
B. 1890. — Orne.
Par *Cherbourg*, 1/2 s. N., et *Harmonie*, par Conquérant, 1/2 s. N.
Sa grand'mère : par Thorigny, 1/2 s. N.
Sa bisaïeule : Harlow, 1/2 s. N., par The Norfolk-Phœnomenon,
1/2 s. A.
Saint-Lô : depuis 1894.

MACOUBA. — H. N.
B. 1890. — Manche.
Par *Follet*, 1/2 s. N., et *Rapide*, par Spectre, 1/2 s. N.
Le Pin : 1894. — Réformé le 14 août 1897 et castré.

MADAR, ex-MOUSQUETAIRE. — H. N.
Bb. 1890. — Calvados.
Par *Saint-Rémner* ou *Éclaireur*, 1/2 s. N., et *La Montaigne*,
par Interprète, 1/2 s. N.
Sa grand'mère : Léa, par Montaigne, 1/2 s. N.
Sa bisaïeule : N., par Mahomet, 1/2 s. N.
Saint-Lô : depuis 1894.

MADRAS. — H. N.
Bb. 1890. — Manche.
Par *Farnèse*, 1/2 s. N., et *Castille*, par Saint-Cloud, 1/2 s. N.
Sa grand'mère : par Cancale, 1/2 s N. (approuvé).
Saint-Lô : 1894. — Réformé le 6 août 1898 et castré.

MADRÉ (approuvé). — M. Lebel (Manche).
B. 1890. — Normandie.
Par *Franconi*, 1/2 s. N., et *N.*, par Shamrock, 1/2 s. A.
Sa grand'mère : par Urus, 1/2 s. N.
Saint-Lô : depuis 1894.

MAGICIEN (approuvé). — M. Duguey-Cher (Manche).
B. 1890. — Normandie.
Par *Excéat*, 1/2 s. N., et *N.*, par Vite, 1/2 s. N.
Sa grand'mère : par Bon-Espoir, 1/2 s. N.
Saint-Lô : depuis 1895.

MAHÉ. — H. N.
B. 1890. — Orne.
Par *Cherbourg*, 1/2 s. N., et *Formosa*, par Niger, 1/2 s. N.
Sa grand'mère : Confiance, par Gaulois, 1/2 s. N.
Sa bisaïeule : N., 1/2 s. N., par Brocardo, P. S. A.
Sa trisaïeule : N., 1/2 s. N., par Performer, 1/2 s. A.
Sa quadrisaïeule : N., 1/2 s. N., par Massoud, P. S. Ar.
Saint-Lô : depuis 1894.

MAHOMET. — H. N.
B. 1890. — Orne.
Par *Fuschia*, 1/2 s. N., et *Aliste*, par Niger, 1/2 s. N.
Sa grand'mère : Églantine, par Taconnet, 1/2 s. N.
Sa bisaïeule : N., 1/2 s. N., par Wild-Fire, 1/2 s. A.
Saint-Lô : 1894. — Réformé le 9 décembre 1899. — Castré.

MAHOMET II. — H. N.
B. 1890. — Orne.
Par *Étudiant*, 1/2 s. N., et *La Serrière*, par Quiclet, 1/2 s. N.
Le Pin : depuis 1894.

MAJESTÉ. — H. N.
B. 1890. — Calvados.
Par *Hexamètre*, 1/2 s. N., et *Reblot*, par Léotard, 1/2 s. N.
Le Pin : 1894. — Retiré de la production le 21 décembre 1894
et passé cheval de service au Pin.

MAJOR. — H. N.
B. 1890. — Orne.
Par *Edimbourg*, 1/2 s. N., et *Printannière*, par Vermouth, P. S. A.
Sa grand'mère : Trompeuse, 1/2 s. N., par Fitz-Pantaloon.
P. S. A.
Sa bisaïeule : N., par Séducteur, 1/2 s. N.
Saint-Lô : depuis 1894.

MALAGA. — H. N.
Bb. 1890. — Orne.
Par *Cherboury*, 1/2 s. N., et *Conquête*, par Conquérant, 1/2 s. N.
Sa grand'mère : N., par Niger, 1/2 s. N.
Sa bisaïeule : N., par Centaure, 1/2 s. N.
Sa trisaïeule : N., 1/2 s. N., par Tipple-Cider, P. S. A.
Saint-Lô : 1894. — Réformé le 6 août 1898 et castré.

MALAKOFF. — H. N.
B. 1890. — Calvados.
Par *Stade*, 1/2 s. N., et *Flora*, par Duroc, 1/2 s. N.
Sa grand'mère : par Roncevaux, 1/2 s. N.
Saint-Lô : depuis 1894.

MALANDRIN. — H. N.
B. 1890. — Calvados.
Par *Fumet*, 1/2 s. N., et *Surprise*, par Jactator, 1/2 s. N.
Le Pin : 1894. — Réformé le 22 août 1896.

MANCINI. — H. N.
B. 1890. — Orne.
Par *Edimbourg*, 1/2 s. N., et *Giselle*, par Phaëton, 1/2 s. N.
Sa grand'mère : Rosamonde, par Quiclet, 1/2 s. N.
(Voir *Giselle*, T. II, et *Hallencourt*, T. I.)
Saint-Lô : depuis 1894.

MANDARIN (approuvé). — M⁰ Merlin (Seine-Inférieure).
N. 1886. — Normandie.
Par *Serviteur* (approuvé), 1/2 s. N., et *L'Abbaye*.
Le Pin : 1892. — Castré et vendu en 1899.

MANDARIN (approuvé). — M. Lebourier (Jules), 1900 ;
M. Belloir (Manche).
B. 1890. — Normandie.
Par *Dacapo*, 1/2 s. N., et *N.*, par Conquérant, 1/2 s. N.
Sa grand'mère : par The Norfolk-Phœnomenon, 1/2 s. A.
Saint-Lô : depuis 1894.

MARABOUT. — H. N.
B. 1890. — Orne.
Par *Don-Quichotte*, 1/2 s. N., et une fille d'Interprète, 1/2 s. N.
Sa grand'mère : par Rêche, 1/2 s. N.
Saint-Lô : depuis 1894. — Réformé le 8 août 1900 après la monte.

MARCASSIN. — H. N.
Bb. 1890. — Manche.
Par *Colporteur*, 1/2 s. N., et *Flamme*, par Lavater, 1/2 s. N.
Le Pin : 1894. — Réformé après la monte de 1899. — Castré.

MARCEAU (approuvé). — M. Guillerme (Manche).
B. 1890. — Manche.
Par *Colporteur*, 1/2 s. N., et *N.*, par Télémaque.
Sa grand'mère : par Kapirat, 1/2 s. N.
Saint-Lô : depuis 1895.

MARCELET. — H. N.
B. 1890. — Orne.
Par *Cherbourg*, 1/2 s. N., et *Farandole*, par Phaëton, 1/2 s. N.
Sa grand'mère : Conquête, par Conquérant, 1/2 s. N.
Sa bisaïeule : Mazurka, par Inkermann, 1/2 s. N.
Sa trisaïeule : Cocotte, par Noteur, 1/2 s. N.
Saint-Lô : depuis 1894.

MARCHE, 1/2 s. N.
Autorisé. — M. Pichard (Seine-et-Oise).
Bb. 1890. — France.
Par *Fuchsia*, 1/2 s. N., et une fille de Dictateur, 1/2 s. N.
Le Pin : depuis 1898.

MARCHEUR. — H. N.
Bb. 1890. — Manche.
Par *Colporteur*, 1/2 s. N., et *Epinglette*, par Lavater, 1/2 s. N.
Sa grand'mère : Stella, P. S. A., par Montfort, P. S. A.
Sa bisaïeule : N., 1/2 s. N., par Affidavit, P. S. A.
Saint-Lô : depuis 1894.

MARCHIS. — H. N.
B. 1890. — Manche.
Par *Dacapo*, 1/2 s. N., et *Sonnette*, 1/2 s. N.,
par Shamrock, 1/2 s. A.
Sa grand'mère : par Géant des-Batailles, P. S. A.
Saint-Lô : depuis 1894.

MARENGO. — H. N.
B. 1890. — Sarthe.
Par *Edimbourg*, 1/2 s. N., et *Verveine*, par Phaéton, 1/2 s. N.
Sa grand'mère : Brillante, par Abrantès, 1/2 s. N.
Sa bisaïeule : N., 1/2 s. N., par Tipple-Cider, P. S. A.
Sa trisaïeule : N., 1/2 s. N., par Eylau, P. S. A.-A.
Saint-Lô : depuis 1894.

MARLY, 1/2 s. N.
Autorisé. — M. Douesnel (Calvados).
Al. 1890. — France.
Par *Étendard*, 1/2 s. N., et *Airelle II*.
Le Pin : depuis 1897. — S. R. en 1901.

MARQUIS, 1/2 s. N.
Autorisé. — M. d'Imbleval, 1895-1896.
Ro. 1890. — Normandie.
Par *Serpolet-Rouan*, 1/2 s. N., et *Marquise*, par Potentat, 1/2 s. N.
Le Pin : 1895. — Vendu à la Russie en 1896.

MARTIAL. — H. N.
B. 1890. — Orne.
Par *Cherbourg*, 1/2 s. N., et *Voilette*, par Fataliste, P. S. A.
Le Pin : 1894. — Mort le 26 novembre 1899.

MASTRILLO. — H. N.
Al. 1890. — Orne.
Par *Gérardmer*, 1/2 s. N., et *Albertine*, par Norfolk-Trotter, 1/2 s. A.
Sa grand'mère : N., par Valdémar, 1/2 s. N.
(Voir *Albertine*, T. II.)
Saint-Lô : depuis 1894.

MATADOR. — H. N.
B. 1890. — Calvados.
Par *Ermite*, 1/2 s. N., et *Rapide*, par Orfila, 1/2 s. N.
Sa grand'mère : par Grégoire, 1/2 s. N. (approuvé).
Saint-Lô : depuis 1894.

MATINAL, ex-**MARENGO**. — H. N.
Al. 1890. — Manche.
Par *Fontenay*, 1/2 s. N., et *Infidèle*, par Reynolds. 1/2 s. N.
Sa grand'mère : Virgule, par Lavater, 1/2 s. N.
(Voir *Infidèle*, T. II.)
Saint-Lô : 1894. — Réformé le 7 août 1901 après la monte.

MAUBEUGE (approuvé). — M. Le Marchand.
B. 1890. — Manche.
Par *Colporteur*, 1/2 s. N., et *N.*, par Ugolin, 1/2 s. N.
Sa grand'mère : par Paladin, P. S. A.
Saint-Lô : 1894. — Non présenté depuis 1898.

MAULÉON (approuvé). — M. Morcel (Calvados).
N. 1890. — Normandie.
Par *Union-Jack*, 1/2 s. N., et *N.*, par Jules-César, 1/2 s. N.
Sa grand'mère : par Essence, 1/2 s. N.
Saint-Lô : depuis 1894.

MAYENCE. — H. N.
B. 1890. — Manche.
Par *Tourville*, 1/2 s. N., et *La Petite*, par Égésippe, 1/2 s. N.
Sa grand'mère : par Scapin, 1/2 s. N.
Saint-Lô : depuis 1894. — Réformé le 8 août 1900 après la monte.

MÉDOC (accepté). — M. Lebaudy.
B. 1890. — Normandie.
Par *Alsacien*, 1/2 s. N., et une fille de Quarteron, 1/2 s. N.
Le Pin : 1894. — S. R. depuis cette époque.

MÉFIEZ-VOUS. — H. N.
Bb. 1890. Calvados.
Par *Tigris*, 1/2 s. N., et *Tyrolienne*, par Conquérant, 1/2 s. N.
Sa grand'mère : N., 1/2 s. N., par Débardeur, P. S. A.
Saint-Lô : 1894. — Réformé le 5 août 1899. — Castré.

MERRY (accepté). — M. Lehouzey.
B. 1890. — (Manche).
Par *Fontenay*, 1/2 s. N., et une fille d'Aristocrate, 1/2 s. N.
Sa grand'mère : 1/2 s. N., par Pretty-Boy, P. S. A.
Saint-Lô : 1895. — Non présenté devant la Commission sanitaire
en 1899. — S. R. depuis cette époque.

MERVILLE. — H. N.
B. 1890. — Orne.
Par *Edimbourg*, 1/2 s. N., et *Glaneuse*, par Parthenon, 1/2 s. N.
Sa grand'mère par Séducteur, 1/2 s. N.
(Voir *Glaneuse*, T. II).
Saint-Lô : depuis 1894.

MESLAY. — H. N.
Al. 1890. — Calvados.
Par *Saint-Rigomer*, 1/2 s. N., et *Athalante*,
par Racoleur, 1/2 s. N.
Le Pin : 1894. — Réformé après la monte de 1899. — Castré.

MESSAGE. — H. N.
B. 1890. — Orne.
Par *Cherbourg*, 1/2 s. N., et *Lucrèce*, par Centaure, 1/2 s. N.
Sa grand'mère : Esméralda, 1/2 s. A., par Lully, P. S. A.
(Voir *Lucrèce*, T. II.)
Saint-Lô : depuis 1894.

MESSIDOR. — H. N.
Bh. 1890. — Orne.
Par *Edimbourg*, 1/2 s. N., et *Stella*, par Niger, 1/2 s. N.
Le Pin : depuis 1894.

MICHIGAN. — H. N.
B. 1890. — Orne.
Par *Edimbourg*, 1/2 s. N., et *Camélia*, par Beaugé, 1/2 s. N.
Le Pin : depuis 1894.

MIGNON. — H. N.
Al. 1890. — Orne.
Par *Fuschia*, 1/2 s. N., et *Hortensia*, par Un, 1/2 s. N.
Le Pin : depuis 1894.

MIGNON (approuvé).
M. Renault-Mannel (Manche).
Al. 1890. — Normandie.
Par *Phaëton*, 1/2 s. N., et *Formose*, 1/2 s. N.,
par Ulrich II, 1/2 s. N.
Saint-Lô : depuis 1897.

MIGNON (accepté). — M. F. Leclerc.
B. 1889. — Manche.
Par *Thabor*, 1/2 s. N.
Saint-Lô : 1893. — S. R. depuis 1898.

MIKADO. — H. N.
B. 1890. — Manche.
Par *Esbly*, 1/2 s. N., et *Lisa*, par Sénéchal, 1/2 s. N.
Sa grand'mère : N., par Mirliton, 1/2 s. N. (Voir *Lisa*, T. II.)
Saint-Lô : depuis 1894.

MILAN. — H. N.
Bb. 1890. — Orne.
Par *Cherbourg*, 1/2 s. N., et *Ecossaise*, par Ulrick II, 1/2 s. N.
Sa grand'mère : Pamela, P. S. A , par Tonnerre-des-Indes.
Saint-Lô : 1894. — Réformé le 6 août 1898 et castré.

MILANAIS (accepté). — M. de Sainte-Marie.
B. 1890. — Normandie.
Par *Vice-Président*, 1/2 s. N., et une fille de Médicis, P. S. A.
Le Pin : 1894. — S. R. depuis cette époque.

MIRABEAU (approuvé). — M. Pierre (Calvados).
Bb. 1890. — Normandie.
Par *Alsacien*, 1/2 s. N., et *N.*, par Attrayant, 1/2 s. N.
Sa grand'mère : par Nagel, 1/2 s. N.
Saint-Lô : depuis 1894.

MIRACLE. — H. N.
B. 1890. — Orne.
Par *Édimbourg*, 1/2 s. N., et *Pâquerette*, par Quiclet, 1/2 s. N.
Sa grand'mère : Fidélité, par Noteur, 1/2 s. N.
Sa bisaïeule : N., par Courtisan, 1/2 s. N.
Sa trisaïeule : N. 1/2 s. N., par Merlerault, P. S. A.
Sa quadrisaïeule : N., 1/2 s. N., par Eylau, P. S. A.-A.
Saint-Lô : depuis 1894.

MIRLITON. — H. N.
Al. 1890. — Orne.
Par *Uriel*, 1/2 s. N., et *Nichette*, P. S. A.
Le Pin : 1895. — Réformé le 9 août 1898 et castré.

MODA (accepté). — M. Perriot.
B. 1894. — Orne.
Par *Cherbourg*, 1/2 s. N., et une fille de Phaëton, 1/2 s. N.
Le Pin : 1897. — S. R. depuis cette époque.

MONTBAREY (accepté).—M. H. Letaillis ; M. Duhamel, 1898 ;
M. Samson, 1901.
B. 1889. — Manche.
Par *Montbarey*, P. S. A., et une fille d'Harmonieux, 1/2 s. N.
Saint-Lô : depuis 1895.

MONTIGNY. — H. N.
Bb. 1890. — Manche.
Par *Colporteur*, 1/2 s. N., et *Brunette*, par Ignoré, 1/2 s. N.
Sa grand'mère : N., par Séduisant, 1/2 s. N. (approuvé).
Saint-Lô : 1894. — Réformé le 7 août 1901 après la monte.

MONTJOIE. — H. N.
N. 1890. — Calvados.
Par *Tigris*, 1/2 s. N., et *Banknote*, par Normand, 1/2 s. N.
Le Pin : 1895.—Réformé le 16 décembre 1901 après la monte.

MONTMÉDY. — H. N.
B. 1890. — Manche.
Par *Sénéchal*, 1/2 s. N., et *Mouvette*, par Orphée, 1/2 s. N.
Saint-Lô : 1894. — Réformé le 9 décembre 1899. — Castré.

MOONLIGHTER (approuvé). — M. Desgenetey (Orne)
Al. 1890. — Normandie.
Par *Fuschia*, 1/2 s. N., et *Niniche*, P. S. A.
Le Pin : depuis 1895.

MORTAIN (approuvé). — M. Pierre (Calvados).
B. 1890. — Normandie.
Par *Alsacien*, 1/2 s. N., et *N.*, par Pancrace, 1/2 s. N.
Sa grand'mère : par Harmonieux, 1/2 s. N.
Saint-Lô : 1894. — S. R. depuis 1900.

MOUTON (approuvé). — M. Etienvre (Manche).
Ro. 1884. — Manche.
Par *Jackson*, 1/2 s. A., et *Mienne*, par Vernix, 1/2 s. N.
Sa grand'mère : Henriette, 1/2 s. N.
Saint-Lô : depuis 1888.

MOUTON-DUVERNET. — H. N.
Al. 1890. — Manche.
Par *Héron* (approuvé), 1/2 s. N., et *Bijou*, par Orphée, 1/2 s. N.
Sa grand'mère : par Sinope, 1/2 s. N.
Saint-Lô : depuis 1894.

MUGUET, ex-**GLADIATEUR**. — H. N.
B. 1890. — Calvados.
Par *Cherbourg*, 1/2 s. N., et *Sylvia*, par Conquérant, 1/2 s. N.
Sa grand'mère : Fridoline, 1/2 s N., par Schamyl, P. S A.
Saint-Lô : depuis 1894. — Réformé le 8 août 1900 après la monte.

MUSCADIN (approuvé). — M. Samson.
B. 1890. — Normandie.
Par *Haras*, 1/2 s. N., et *Rhée*, par Lilas, 1/2 s. N.
Le Pin : 1894. — Castré en 1894.

MYOSOTIS. — H. N.
Bb. 1890. — Calvados.
Par *Etendard*, 1/2 s. N., et *Dolorès*, par Normand, 1/2 s. N.
Sa grand'mère : N., 1/2 s. N., par Vingt-Mars, P. S. A.
(Approuvé).
Saint-Lô : 1894. — Réformé le 25 novembre 1899. — Castré.

MYOSOTIS (approuvé). — M. Lechaptois (Manche).
B. 1890. — Manche.
Par *Galant Ier*, 1/2 s. N., et une fille de Lionceau, 1/2 s. N.
Saint Lô : depuis 1896.

NABAB. — H. N.
Bb. 1891. — Orne.
Par *Glaneur*, 1/2 s. N., et *Grisette*, par Uriel, 1/2 s. N.
Le Pin : 1895. — Réformé le 16 décembre 1898 et castré.

NABOPOLASSO, ex-**NABOPOLASSAR**. — H. N.
Al. 1891. — Manche.
Par *Étendard*, 1/2 s. N., et *Jeanne-de-Nivelle*,
par Baptiste-le-More, 1/2 s. N.
Sa grand'mère : N., 1/2 s. N., par Liberator, 1/2 s. A.
(Voir *Jeanne-de-Nivelle*, T. II.)
Saint-Lô : depuis 1895.

NABUCHO. — H. N.
B. 1888. — Orne.
Par *Cherbourg*, 1/2 s. N., et *Gambade*, par Phaëton, 1/2 s. N.
Le Pin : depuis 1893.

NAG. — H. N.
B. 1891. — Manche.
Par *Colporteur*, 1/2 s. N., et *Aurore*, par Lavater, 1/2 s. N.
Le Pin : 1895. — Retiré de la production le 5 janvier 1896
et passé cheval de service au Pin.

NAGEUR (approuvé de 1884 à 1893).
(Accepté, 1894.) — M. Grandin.
Bb. 1880. — Manche.
Par *Nagel*, 1/2 s. N., et une fille de Rosel, 1/2 s. N.
Sa grand'mère : par Camisard, 1/2 s. N.
Saint-Lô : 1884. — Non présenté en 1898. — S. R. depuis.

NAGEUR. — H. N.
N. 1891. — Calvados.
Par *Estèphe*, 1/2 s. N., et *Fauvette*, par Tourville, 1/2 s. N.
Sa grand'mère : par Orphelin (approuvé), 1/2 s. N.
Saint-Lô : 1895. — Réformé le 23 décembre 1898 et castré.

NAMUR. — H. N.
Bb. 1891. — Calvados.
Par *Stude*, 1/2 s. N., et *Aspasie*, par Union-Jack, 1/2 s. N.
Sa grand'mère : par Bisson, 1/2 s. N.
Saint-Lô : depuis 1895.

NANAN. — H. N.
B. 1891. — Calvados.
Par *Valentino*, 1/2 s. N., et *Rapide*, par Buridan (approuvé),
1/2 s. N.
Sa grand'mère : par Unau, 1/2 s. N.
Sa bisaïeule : par Carnassier, 1/2 s. N.
Saint-Lô : depuis 1896.

NANA-SAID. — H. N.
B. 1891. — Manche.
Par *Esbly*, 1/2 s. N., et *Cocotte*, par Bosphore, 1/2 s. N.
Sa grand'mère : par Sénéchal, 1/2 s. N.
Saint-Lô : depuis 1895.

NANCY. — H. N.
B. 1891. — Manche.
Par *Habéo*, 1/2 s. N., et *Cocotte*, par Café, 1/2 s. N.
Sa grand'mère : par Vautrain, 1/2 s. N.
Saint-Lô : 1895. — Mort le 19 avril 1899.

NANDY. — H. N.
B. 1891. — Manche.
Par *Gibraltar*, 1/2 s. N., et *Bijou*, par Séduisant 1/2 s. N.
Sa grand'mère : par Beaumanoir, 1/2 s. N.
Saint-Lô : depuis 1895.

NANKIN (approuvé). — M. de Panthou (Calvados).
B. 1891. — Normandie.
Par *Galant Ier*, 1/2 s. N., ou *Denain*, 1/2 s. N.,
par Union-Jack, 1/2 s. N.
Sa grand'mère : par Bisson, 1/2 s. N.
Saint-Lô : depuis 1895.

NANTES. — H. N.
N. 1891. — Manche.
Par *Tourville*, 1/2 s. N., et *Blanc-Pied*, par Volcan, 1/2 s. N.
Le Pin : 1895. — Réformé le 14 août 1897 et castré.

NAPLES. — H. N.
B. 1891. — Manche.
Par *Esbly* et *Marie-Buhot*, par Virgile, 1/2 s. N.
Sa grand'mère : N., par Prickwillorw, 1/2 s. N.
Sa bisaïeule : N., par Nagel, 1/2 s. N.
Sa trisaïeule : N., par Pont-d'Or, 1/2 s. N. (approuvé).
Saint-Lô : 1895. — Réformé le 8 août 1900 après la monte.

NAPOLÉON. — H. N.
B. 1891. — Orne.
Par *Phaëton*, 1/2 s. N., et *Serpolette*, par Serpolet-Bai, 1/2 s. N.
Sa grand'mère : Orange, par Elu, 1/2 s. N.
Saint-Lô : 1896. — Mort le 4 avril 1900.

NARCISSE. — H. N.
N. 1891. — Orne.
Par *Phaëton*, 1/2 s. N., et *Bécassine*, par Niger, 1/2 s. N.
Sa grand'mère : Belle-de-Jour, 1/2 s. N., par Centaure, 1/2 s. N.
Le Pin : 1896.

NARQUOIS. — H. N.
Bb. 1891. — Calvados.
Par *Fuschia*, 1/2 s. N., et *Hébé*, par Niger, 1/2 s. N.
Sa grand'mère par Normand, 1/2 s. N.
Saint-Lô : depuis 1896.

NARSÉ. — H. N.
Bb. 1891. — Manche.
Par *Platon*, 1/2 s. N., et *Sophie*, par Usuel, 1/2 s. N.
Sa grand'mère : par Harmonieux, 1/2 s. N.
Saint-Lô : depuis 1895.

NASI. — H. N.
N. 1891. — Calvados.
Par *Phare*, 1/2 s. N., et *Bijou*, par Brindisi, P. S. A.
Sa grand'mère : par Navigateur, 1/2 s. N.
Saint-Lô : depuis 1895.

NATUREL. — H. N.
Bb. 1891. — Calvados.
Par *Gusman*, 1/2 s. N., ou *Express*, 1/2 s. N., et *N.*,
par Dandolo, 1/2 s. N.
Le Pin : 1885. — Réformé le 9 décembre 1899. — Castré.

NAUTILUS. — H. N.
Al. 1891. — Calvados.
Par *Grand-Maître*, 1/2 s. N., et *Frivole*, par Caprara, 1/2 s. N.
Sa grand'mère : N., par Léotard, 1/2 s. N.
Saint-Lô : depuis 1895.

NECTAR. — H. N.
N. 1891. — Orne.
Par *Cherbourg*, 1/2 s. N., et *Ida*, par Niger, 1/2 s. N.
Le Pin : depuis 1895.

NECTAR. — H. N.
B. 1891. — Manche.
Par *Fontenay*, 1/2 s. N., et *Mademoiselle-d'Angoville*,
par Lavater, 1/2 s. N.
Sa grand'mère : par Conquérant, 1/2 s. N.
Saint-Lô : depuis 1896.

NÉLATON (accepté). — M. Sorel.
B. 1890. — Manche.
Par *Suzerain*, P. S. A., et *N.*, 1/2 s. N., par Bravo, P. S. A.
Saint-Lô : 1895. — Non présenté à l'acceptation en 1899.
S. R. depuis.

NELSON (accepté). — M. Creully.
Bb. 1891. — Manche.
Par *Canut*, 1/2 s. N., et une fille d'Egésippe, 1/2 s. N.
Saint-Lô : 1895-1899. — S. R. depuis 1899.

NÉLUSKO. — H. N.
B. 1891. — Calvados.
Par *Homard*, 1/2 s. N., et *Fleur-de-Mai*, par Mazeppa, 1/2 s. N.
Sa grand'mère : par Umber, 1/2 s. N.
Saint-Lô : depuis 1895.

NEMOURS. — H. N.
Bb. 1891. — Calvados.
Par *Fumet*, 1/2 s. N., et *Frine*, par Frein, 1/2 s. N.
Sa grand'mère : par Kaolin, P. S. A.
Saint-Lô : depuis 1895.

NEMROD (approuvé). — M. Hardy (Manche).
B. 1891. — Normandie.
Par *Shamrock*, 1/2 s. A., et *N.*, par Orphée, 1/2 s. N.
Sa grand'mère : par Quid-Juris, P. S. A.
Saint-Lô : depuis 1895.

NEMROD. — H. N.
B. 1891. — Sarthe.
Par *Iambe*, 1/2 s. N., et *Bon-Espoir*, par Serpolet-Bai, 1/2 s. N.
Sa grand'mère : Prétencieuse, par Abrantès, 1/2 s. N.
Sa bisaïeule : N., par Séducteur, 1/2 s. N.
Sa trisaïeule : N., par Thésée, 1/2 s. N.
Sa quadrisaïeule : N., 1/2 s. N., par Tipple-Cidder, P. S. A.
Saint-Lô : depuis 1895.

NENNI. — H. N.
Bb. 1891. — Calvados.
Par *Hercule-Normand*, 1/2 s. N., et *Bonne-Aventure*,
par Soldat, 1/2 s. N.
Le Pin : depuis 1895.

NEPTUNE. — H. N.
B. 1891. — Orne.
Par *Edimbourg*, 1/2 s. N., et *Favorite*, par Élu, 1/2 s. N.
Sa grand'mère : Miss-Carlotta, par Séducteur, 1/2 s. N.
(Voir *Favorite*, t. II.)
Saint-Lô : depuis 1895.

NERF. — H. N.
Bb. 1891. — Manche.
Par *Farnèse*, 1/2 s. N., et *Mouvette*, par Ulloa, 1/2 s. N.
Saint-Lô : depuis 1895.

NÉRIS, ex-NIVELEUR. — H. N.
B. 1891. — Calvados.
Par *Étendard*, 1/2 s. N., et *Dynamite*, par Montfort, P. S. A.
Sa grand'mère : par Interprète, 1/2 s. N.
Sa bisaïeule : par Français, 1/2 s. N.
Sa trisaïeule : par Lucain, 1/2 s. N.
Saint-Lô : depuis 1895.

NÉRON. — H. N.
B. 1891. — Manche.
Par *Tourville*, 1/2 s. N., et *Margot*, par Villiers, 1/2 s. N.
(approuvé).
Sa grand'mère : par Lothaire, 1/2 s. N. (approuvé).
Saint-Lô : 1895. — Réformé le 14 août 1897 et castré.

NERVEUX. — H. N.
B. 1891. — Manche.
Par *Fontenay*, 1/2 s. N., et *Mosquée*, par Lavater, 1/2 s. N.
Sa grand'mère : par Orphée, 1/2 s. N.
Sa bisaïeule : Lady-Quid-Juris, 1/2 s. N., par Quid-Juris, P. S. A.
Saint-Lô : depuis 1895.

NESSI. — H. N.
B. 1891. — Orne.
Par *Cherbourg*, 1/2 s. N., et *Normande*, par Jactator, 1/2 s. N.
Le Pin : depuis 1895.

NESTORIUS (approuvé). — **M.** Trochon (Manche).
B. 1891. — Normandie
Par *Saint-Rigomer*, 1/2 s. N., et *N.*, par Centaure, 1/2 s. N.
Saint-Lô : depuis 1895.

NEUILLY. — H. N.
Al. 1891. — Sarthe.
Par *Fuschia*, 1/2 s. N., et *Yanthine*, par Beaugé, 1/2 s. N.
Sa grand'mère : par Abrantès, 1/2 s. N.
Saint-Lô : depuis 1895.

NÉVADA. — H. N.
B. 1891. — Manche.
Par *Fulminant*, 1/2 s. N., et *Lisa*, par Stern, 1/2 s. N.
Sa grand'mère : par Beaumanoir, 1/2 s. N.
Saint-Lô : 1895. — Réformé le 5 août 1899. — Castré.

NEVERS. — H. N.
B. 1891. — Manche.
Par *Valencourt*, 1/2 s. N., et *Feuille-de-Lierre*, par Reynold,
1/2 s. N.
Sa grand'mère : Modestie, 1/2 s. N., par The Heir-of-Linne, P. S. A.
(Voir *Feuille-de-Lierre*, T. II.)
Saint-Lô : depuis 1895.

NEW-MARKET. — H. N.
Bb. 1891. — Manche.
Par *Colporteur*, 1/2 s. N., et *Fragola*, par Lavater, 1/2 s. N.
Sa grand'mère : Orientale, 1/2 s. N., par The Heir-of-Linne, P. S. A.
Sa bisaïeule : Elisa, par Etendard, 1/2 s. N.
Sa trisaïeule : Près-de-Terre, 1/2 s. N., par Sir-Henry-Dinsdale,
1/2 s. A.

Saint-Lô : depuis 1895.

NEY (approuvé). — M. Lechaptois (Manche), M. Renault, 1900.
Bb. 1891. — Normandie.
Par *Ministère*, P. S. A., et *N.*, par Agnadel, 1/2 s. N.
Sa grand'mère : par Quality, 1/2 s. N.
Saint-Lô : depuis 1895.

NEY, ex-NOGARET. — H. N.
B. 1891. — Manche.
Par *Espoir*, 1/2 s. N., et *Balsamine*, P. S. A., par Colbert.
Saint-Lô : depuis 1895.

NEZ. — H. N.
Bb. 1891. — Orne.
Par *Fuschia*, 1/2 s. N., et *Soubrette*, par Vichnou, P. S. A.
Le Pin : 1895. — Réformé le 9 décembre 1899.
Réintégré en 1901.

NIAIS. — H. N.
B. 1891. — Manche.
Par *Domino-Noir* ou *Follet*, 1/2 s. N., et *Argonaute*,
par Colporteur, 1/2 s. N.
Sa grand'mère : N., 1/2 s. N., par Argonaut, P. S. A.
Saint-Lô : 1895. — Réformé le 9 décembre 1899. — Castré.

NICKEL. — H. N.
B. 1891. — Calvados.
Par *Etendard*, 1/2 s. N., et *Gitana*, par Niger, 1/2 s. N.
Le Pin : 1895. — Réformé le 7 août 1901 après la monte.

NIGAUD, ex-**NOUGAT**. — H. N.
B. 1891. — Orne.
Par *Phaëton*, 1/2 s. N., et *Agile*, par Inkermann, 1/2 s. N.
Le Pin : 1895. — Réformé après la monte de 1899. — Castré.

NIHILISTE, ex-**NOTABLE**. — H. N.
Bb. 1891. — Calvados.
Par *Etendard*, 1/2 s. N., et *Conquête*, par Acquila, 1/2 s. N.
(Voir *Conquête*, T. II.)
Sa grand'mère : Fulmen, par Mercure, 1/2 s. N.
Saint-Lô : 1895. — Réformé le 6 août 1898 et castré.

NI-OUI-NI-NON. — H. N.
Bb. 1891. — Orne.
Par *Edimbourg*, 1/2 s. N., et *Camélia*, par Beaugé, 1/2 s. N.
Le Pin : 1895. — Réformé le 14 août 1897 et castré.

NISKO. — H. N.
B. 1891. — Manche.
Par *Tempête*, 1/2 s. N., et *Voleuse*, par Voleur, 1/2 s. N.
Sa grand'mère : par Thorigny, 1/2 s. N. (approuvé).
Saint-Lô : depuis 1895.

NISSY. — H. N.
Al. 1891. — Calvados.
Par *Himalaya*, 1/2 s. N., et *Unique*, par Delaware, 1/2 s. N.
Le Pin : 1895. — Réformé le 14 août 1897 et castré.

NIZAM. — H. N.
B. 1891. — Manche.
Par *Fontenay*, 1/2 s. N., et *Allumette*, par The Heir-of-Linne,
P. S. A.
Le Pin : depuis 1895.

NOBLE, — H, N.
B. 1891. — Manche.
Par *Espoir*, 1/2 s. N., et *L'Étoile*, par Phare, 1/2 s. N.
Sa grand'mère : par Uzel, 1/2 s. N.
Le Pin : 1895. — Saint-Lô : 1896.
Réformé le 7 août 1901 après la monte.

NODINI. — H. N.
B. 1891. — Manche.
Par *Gardanne*, 1/2 s. N., et *Finette*, par Truplu, 1/2 s. N.
Sa grand'mère : par Orphée, 1/2 s. N.
Saint-Lô : 1895. — Castré le 24 novembre 1896.

NODUS. — H. N.
Bb. 1891. — Orne.
Par *Cherbourg*, 1/2 s. N., et *Hardie*, par Lavater, 1/2 s. N.
Sa grand'mère : Thérésa I, par Phaëton, 1/2 s. N.
(Voir *Hardie*, T. II.)
Saint-Lô : 1895. — Réformé après la monte de 1899. — Castré.

NOËL. — H. N.
B. 1891. — Manche.
Par *Follet*, 1/2 s. N., et *Rase-Tout*, par Upas, 1/2 s. N.
Sa grand'mère : N., 1/2 s. N., par Jackson.
Sa bisaïeule : par Lavater, 1/2 s. N.
Saint-Lô : 1895.—Réformé le 17 décembre 1900 après
la monte.

NOGARO. — H. N.
B. 1891. — Manche.
Par *Espoir*, 1/2 s. N., et *Miss-of-Linne*, par The Heir-of-Linne,
P. S. A.
Sa grand'mère : Catharina, P. S. A., par Rambler.
Saint-Lô : 1895. — Réformé le 7 août 1901 après la monte.

NOMAZY. — H. N.
Bb. 1891. — Allier.
Par *Coq-à-l'Ane* (approuvé), 1/2 s. N., et *Iphigénie*, par Habile,
1/2 s. N.
Le Pin : 1895. — Réformé après la monte de 1899. — Castré.

NORMAND (approuvé). — M. Richard (Manche).
Al. 1886. — Normandie.
Par *Vireillot*, 1/2 s. N., et une 1/2 s. N., par Shamrock, 1/2 s. A.
Saint-Lô : depuis 1891.

NORODUM. — H. N
B. 1891. — Sarthe.
Par *Jambe*, 1/2 s. N., et *Miss-Sloss*, par Élu, 1/2 s. N.
Sa grand'mère : Victoria, par Séducteur, 1/2 s. N.
(Voir *Miss-Sloss*, T. II.)
Saint-Lô : depuis 1895.

NOSSI-BÉ. — H. N.
N. 1891. — Calvados.
Par *Cherbourg*, 1/2 s. N., et *Mouvette*, par Tigris, 1/2 s. N.
Sa grand'mère : N., 1/2 s. N., par Gontran, P. S. A.
Sa bisaïeule : jument arabe.
Saint-Lô : depuis 1895.

NOSTRADAMUS. — H. N.
B. 1891. — Orne.

Par *Cherbourg*, 1/2 s. N., et *Finance*, par Niger, 1/2 s. N.
Sa grand'mère : Miss-Pierce (mère de Reynolds), par Succès, 1/2 s. N.
Saint-Lô : depuis 1895.

NOTABLE. — H. N.
B. 1891. — Orne.

Par *Edimbourg*, 1/2 s. N., et *Pégriote*, par Elu, 1/2 s. N.
Sa grand'mère : Frétillon, par Solide, 1/2 s. N.
Sa bisaïeule : Pégriote, 1/2 s. N., par Eylau, P. S. A.-A.
Sa trisaïeule : Jument arabe, mère de Buci et de Jactator.
Saint-Lô : depuis 1895.

NOTEUR (approuvé). — M. Durand (Calvados).
M. Vandry (Emile), 1900.
B. 1891. — Normandie.

Par *Incognito*, 1/2 s. N., et *N.*, par Acrobate.
Saint-Lô : depuis 1895.

NOUGAT Ier. — H. N.
Bb. 1891. — Orne.

Par *Elan* (approuvé), 1/2 s. N., et *Amaranthe*, par Niger, 1/2 s. N.
Le Pin : 1895. — Réformé le 7 août 1901 après la monte.

NOUGAT II. — H. N.
B. 1891. — Orne.

Par *Fuschia*, 1/2 s. N., et *Iris*, par Parthénon, 1/2 s. N.
Sa grand'mère : N., par Quiclet, 1/2 s. N.
Sa bisaïeule : N., par Séducteur, 1/2 s. N.
Sa trisaïeule : N., 1/2 s. N., par Tipple-Cider, P. S. A.
Sa quadrisaïeule : N., 1/2 s. N., par Sylvio, P. S. A.
Saint-Lô : 1895. — Réformé le 9 décembre 1899. — Castré.

NOVATEUR (approuvé). — M. Perdriel (Calvados).
B. 1891. — Normandie.

Par *Canut*, 1/2 s. N., et *N.*, par Espadem, 1/2 s. N.
Sa grand'mère : par Ivanoff, P. S. A.
Saint-Lô : depuis 1895.

NOVATEUR. — H. N.
N. 1891. — Manche.

Par *Colporteur*, 1/2 s. N., et *Esméralda*, par Lavater, 1/2 s. N.
Sa grand'mère : Cent-Sous, P. S. A., par Ruy-Blas.
Sa bisaïeule : Cantine, P. S. A.
Saint-Lô : 1895. — Réformé le 8 août, 1900 après la monte.

NOVGOROD. — H. N.
B. 1891. — Manche.
Par *Fontenay*, 1/2 s. N., et *Rosette II*, 1/2 s. N., par Gabier, P. S. A.
Sa grand'mère : par Victorieux, 1/2 s. N.
Sa bisaïeule : par Paternel, 1/2 s. N.
Saint-Lô : depuis 1895.

NOVICE (accepté). — M. Ameline.
B. 1890. — Manche.
Par *Trésorier*, 1/2 s. N., et une fille de Quia, 1/2 s. N.
Saint-Lô : depuis 1895.

NOVICE. — H. N.
Al. 1891. — Orne.
Par *Fuschia*, 1/2 s. N., et *Nigérine*, par Niger, 1/2 s. N.
Le Pin : depuis 1896.

NUAGE, ex-NIAGARA. — H. N.
B. 1891. — Calvados.
Par *Eclaireur*, 1/2 s. N., et *La Montaigne*, par Interprète, 1/2 s. N.
Sa grand'mère : Léa, par Montaigne, 1/2 s. N.
Saint-Lô : depuis 1895.

NUBIEN. — H. N.
B. 1891. — Manche.
Par *Domino-Noir*, 1/2 s. N., ou *Follet*, 1/2 s. N., et *Négrette*,
par Sir-Edwin-Landseer, 1/2 s. A.
Sa grand'mère : par Riga, 1/2 s. N.
Saint-Lô : 1895. — Mort le 25 juin 1898.

NUREMBERG. — H. N.
B. 1891. — Calvados.
Par *Coq-à-l'Ane*, 1/2 s. N., et *Virago II*, par Normand, 1/2 s. N.
Sa grand'mère : Bécassine, par Conquérant, 1/2 s. N.
Sa bisaïeule : par Sultan, 1/2 s. N.
Saint-Lô : 1895. — Réformé le 6 août 1898 et castré.

NYABEL. — H. N.
Al. 1891. — Eure.
Par *Barrabas*, 1/2 s. N., et *Pacolette*, par Oronte, 1/2 s. N.
Sa grand'mère : par Blenheim, P. S. A.
Saint-Lô : depuis 1895.

OBDORSK. — H. N.
B. 1892. — Manche.
Par *Alsacien*, 1/2 s. N., et *Lapin*, par Manille, P. S. A.
Le Pin : 1896. — Passé au dépôt d'étalons de Rozières-aux-Salines
le 7 février 1896. — N'a pas fait la monte en Normandie.

OBERHAMBOURG. — H. N.
B. 1892. — Manche.
Par *Frondeur*, 1/2 s. N., et *Etoile*, par Regnard, 1/2 s. N.
Le Pin : depuis 1896.

OBERHAUSEN. — H. N.
B. 1892. — Manche.
Par *Fontenay*, 1/2 s. N., et *Surprise*, par Kapirat, 1/2 s. N.
Sa grand'mère : par Ugolin, 1/2 s. N.
Saint-Lô : depuis 1896.

OBERNAI. — H. N.
B. 1892. — Manche.
Par *Frondeur*, 1/2 s. N., et *Castille*, par Ministère, P. S. A.
Sa grand'mère : par Bandit, 1/2 s. N.
Saint-Lô : depuis 1896.

OBSCUR, ex-**OLDEMBOURG**, ex-**ORPHÉE**. — H. N.
B. 1892. — Calvados.
Par *Fataliste*, P. S. A., et *Fleur-d'Epine*, par Acquila, 1/2 s. N.
Sa grand'mère : Fleur-de-Mai, par Stade, 1/2 s. N.
Saint-Lô : depuis 1896.

OCCATOR. — H. N.
Bb. 1892. — Manche.
Par *Javelot*, 1/2 s. N., et *Fleur*, par Espadem, 1/2 s. N.
Sa grand'mère : La Brune, par Kabin, 1/2 s. N.
Sa bisaïeule : Fleur, par Victorieux, 1/2 s. N.
Sa trisaïeule : La Brune, par Robinson, P. S. A.
Sa quadrisaïeule : Blancpied, par Jay, 1/2 s. N.
Saint-Lô : depuis 1896.

OCCIDENTAL. — H. N.
N. 1892. — Orne.
Par *Cherbourg*, 1/2 s. N., et *Dora*, par Oriental, 1/2 s. N.
Sa grand'mère : par Niger, 1/2 s. N.
Le Pin : 1896. — Réformé le 16 décembre 1898 et castré.

OCTAVAN (approuvé). — M. Le Marchand (Manche).
N. 1892. — Manche.
Par *Coq-à-l'Ane* et une fille de Laboureur, 1/2 s. N.
Saint-Lô : depuis 1896.

OCTAVO (approuvé). — M. Duguey-Cher (Manche).
Par *Jarnac*, 1/2 s. N., et une fille de Vite, 1/2 s. N.
Saint-Lô : depuis 1896.

OCTEVILLE, ex-**ORNE**. — H. N.
B. 1892. — Manche.
Par *Hearty*, 1/2 s. N., et *Mouvette*, par Canut, 1/2 s. N.
Sa grand'mère : par Vanikoro, 1/2 s. N.
Sa bisaïeule : par Ivanoff, P. S. A.
Saint-Lô : 1896. — Réformé le 8 août 1900 après la monte.

ODÉON (accepté). — M. Lechaptois.
N. 1892. — Manche.
Par *Harley*, 1/2 s. N., et une fille de Lionceau, 1/2 s. N.
Saint-Lô : 1897. — Non présenté à la commission sanitaire
depuis 1898.

ODER. — H. N.
B. 1892. — Manche.
Par *Saint-Melaine*, 1/2 s. N., et *Ronfleuse*, par Trajan, 1/2 s. N.
Sa grand'mère : par Santerre, 1/2 s. N.
Sa bisaïeule : par Macouba, 1/2 s. N.
Saint-Lô : 1896. — Réformé après la monte de 1899. — Castré.

ŒILLET. — H. N.
B. 1892. — Orne.
Par *Cherbourg*, 1/2 s. N., et *Écossaise*, par Ulrich II, 1/2 s. N.
Sa grand'mère : Paméla, P. S. A., par Tonnerre-des-Indes.
Le Pin : 1896. — Passé au service de l'École des Haras le 9 août 1898.

ŒSOPE (approuvé). — M. Hardy (Manche).
Al. 1882. — Manche.
Par *Silhouette*, 1/2 s. N., et une fille de Quasi, 1/2 s. N.
Sa grand'mère : par Éminent, 1/2 s. N.
Saint-Lô : depuis 1886.

OFFENBACH. — H. N.

B. 1892. — Orne.

Par *Cherbourg*, 1/2 s. N., et *Gérance*, par Phaéton, 1/2 s. N.
Sa grand'mère : Glorieuse, 1/2 s. N., par Séducteur, 1/2 s. N.

Le Pin : 1896. — Réformé le 4 août 1900 après la monte.

OGRE. — H. N.

Bb. 1892. — Manche.

Par *Jusant*, 1/2 s. N., et *Mignonne*, par Aristocrate, 1/2 s. N.
Sa grand'mère : par Lavater, 1/2 s. N.

Le Pin : 1896. — Réformé le 9 août 1898 et castré.

OH ! ex-OSBORNE. — H. N.

B. 1892. — Manche.

Par *Domino-Noir* ou *Fred-Archer*, 1/2 s. N., et *Rosette*,
par Télémaque, 1/2 s. N.
Sa grand'mère : par Auguste, P. S. A.

Le Pin : depuis 1896.

OIGNON. — H. N.

N. 1892. — Manche.

Par *Colporteur*, 1/2 s. N., et *Mentor*, par Télémaque, 1/2 s. N.
Sa grand'mère : par Idoménée, 1/2 s. N.

Saint-Lô : depuis 1896.

OIRY. — H. N.

B. 1892. — Manche.

Par *Domino-Noir*, 1/2 s. N., et *Lisette*, par Newton, 1/2 s. N.
Sa grand'mère : par Ballinkeele, P. S. A.

Le Pin : 1896. — Saint-Lô : 1897.
Réformé le 7 août 1901 après la monte.

OISEAU-MOUCHE, ex-OUI-DA. — H. N.

Bb. 1892. — Orne.

Par *Cherbourg*, 1/2 s. A., et *Ida*, par Niger, 1/2 s. N.
Le Pin : depuis 1896.

OISON, ex-OURAGAN. — H. N.

B. 1892. — Eure.

Par *Juvigny*, 1/2 s. N., et *Fatinitza*, par Rivoli (approuvé), 1/2 s. N.
Sa grand'mère : Jarnicoton, par The Norfolk-Phœnomenon,
1/2 s. N.

Saint-Lô : depuis 1896.

OLÉRON, ex-**OPULENT**. — H. N.
Bb. 1892. — Orne.
Par *Krakatoa*, P. S. A., et *Béatrix*, par Niger, 1/2 s. N.
Sa grand'mère : par Pledge, 1/2 s. N.
Le Pin : depuis 1896.

OLIBRIUS. — H. N.
B. 1892. — Manche.
Par *Farnèse*, 1/2 s. N., et *Rosette*, par Intact, 1/2 s. N.
Sa grand'mère : par Tamerlan, 1/2 s. N.
Saint-Lô : depuis 1896.

OLIM. — H. N.
Bb. 1892. — Manche.
Par *Colporteur*, 1/2 s. N., et *Lansborn*, par Lansborn, 1/2 s. N.
(approuvé).
Sa grand'mère : par Castor, 1/2 s. N.
Saint-Lô : 1896. — Réformé le 16 décembre 1901
après la monte.

OLIVET (approuvé). — M. E. Hardel (Manche).
B. 1892. — Normandie.
Par *Qu'y-Met-On* et une fille de Cambronne, 1/2 s. N.
Sa grand'mère : par Elu, 1/2 s. N.
Saint-Lô : 1896. — Réformé après la monte de 1898.

OMAR. — H. N.
B. 1892. — Manche.
Par *Follet*, 1/2 s. N., et *Lisette*, par Ignoré, 1/2 s. N.
Sa grand'mère : par Egésippe, 1/2 s. N.
Saint-Lô : 1896. — Mort le 17 octobre 1899.

OMBRAGEUX. — H. N.
B. 1892. — Manche.
Par *Jolibois*, 1/2 s. N., et *Palmyre*, par Carnavalet, 1/2 s. N.
Sa grand'mère : par Lavater, 1/2 s. N.
Saint-Lô : 1896. — Mort le 3 février 1896.

OMER-PACHA (approuvé). — M. Lebel (Manche).
Bb. 1892. — Manche.
Par *Fontenay*, 1/2 s. N., et *Orphélie*, par Orphée, 1/2 s. N.
Sa grand'mère : 1/2 s. N., par Quid-Juris, P. S. A.
Saint-Lô : 1896-1899. — Réformé.

OMNIBUS, ex-**ORIENT**. — H. N.
B. 1892. — Orne.
Par *Havas*, 1/2 s. N., et *Prudente*, par Carnaval, 1/2 s. N.
Sa grand'mère : par Tourville, P. S. A.
Saint-Lô : depuis 1896.

OMNIPOTENT, ex-**ORNE**. — H. N.
B. 1892. — Orne.
Par *Jouffroy*, 1/2 s. N., et *Myrto*, par Uriel, 1/2 s. N.
Sa grand'mère : Hirondelle, par Élu, 1/2 s. N.
Sa bisaïeule : Valentine, 1/2 s. N., par Flying-Dutchman, P. S. A.
Sa trisaïeule : Noisette, par Noteur, 1/2 s. N.
Sa quadrisaïeule : Danaïde, 1/2 s. N., par Brocardo, P. S. A.
Saint-Lô : depuis 1896.

OMONVILLE (accepté). — M. B. Jean.
Al. 1892. — Manche.
Par *Truplu*, 1/2 s. N., et une fille de Platon, 1/2 s. N.
Saint-Lô : 1896. — Non présenté à la Commission sanitaire
depuis 1898. — S. R. depuis.

ONCQUES-MIEUX, 1/2 s. N.
Approuvé. — M. Tocque (Eure).
B. 1892. — France.
Par *Qui-Vive*, 1/2 s. N., et *Jenny-Lind*, par Phaéton, 1/2 s. N.
Le Pin : depuis 1898.

ONTARIO (approuvé). — M. Le Marchand (Manche).
B. 1892. — Normandie.
Par *Fuschia*, 1/2 s. N., et une fille de Cherbourg, 1/2 s. N.
Sa grand'mère : par Élu, 1/2 s. N.
Saint-Lô : depuis 1896.

ON-Y-VA, ex-**OSCAR**. — H. N.
B. 1892. — Manche.
Par *Follet*, 1/2 s. N., et *Roselle*, par Agnadel, 1/2 s. N.
Sa grand'mère : par Kapirat, 1/2 s. N.
Saint-Lô : 1896. — Mort le 20 mars 1896.

ONYX, 1/2 s. N. (approuvé).
M. Perdriel, à Courson (Calvados).
Bb. 1892. — France.
Par *Tigris* et *Suzon*, P. S.
Saint-Lô : depuis 1899.

ONYX. — H. N.
B. 1892. — Manche.
Par *Colporteur*, 1/2 s. N., et *Irlande*, par Domino-Noir, 1/2 s. N.
Sa grand'mère : par Egésippe, 1/2 s. N.
Sa bisaïeule : par Sir-Henry-Dinsdale, 1/2 s. A.
Saint-Lô : 1896. — Réformé le 7 août 1901 après la monte.

ONZE. — H. N.
Bb. 1892. — Calvados.
Par *Tigris*, 1/2 s. N., et *Rachel*, par Irlandais, 1/2 s. N.
Sa grand'mère : L'Etoile, par Esculape, 1/2 s. N.
Sa bisaïeule : par Galba, 1/2 s. N.
Saint-Lô : depuis 1897.

ONZE II, ex-**ORPHÉE**. — H. N.
N. 1892. — Manche.
Par *Illustre*, 1/2 s. N., et *Voyageuse*, 1/2 s. N.
par Anacharsis, P. S. A.
Sa grand'mère : par Phare, 1/2 s. N.
Sa bisaïeule : par Ribaud, 1/2 s. N.
Saint-Lô : depuis 1896.

ORINANT, ex-**ORAGEUX**. — H. N.
B. 1892. — Manche.
Par *Dacapo*, 1/2 s. N., et *Lisette*, par Shamrock, 1/2 s. N.
Sa grand'mère : par Vernix, 1/2 s. N. (approuvé).
Le Pin : depuis 1896.

OPULENT. — H. N.
B. 1892. — Orne.
Par *James-Watt*, 1/2 s. N., et *Kaoline*, par Cherbourg, 1/2 s. N.
Le Pin : depuis 1896.

ORACLE. — H. N.
B. 1892. — Calvados.
Par *Utique*, 1/2 s. N., et *Cocote*, par Eson, 1/2 s. N.
Sa grand'mère : par Institut, 1/2 s. N. (approuvé).
Saint-Lô : 1896. — Réformé le 6 août 1898 et castré.

ORAGE. — H. N.
Al. 1892. — Sarthe.
Par *Fuschia*, 1/2 s. N., et *Clémentine*, par Phaéton, 1/2 s. N.
Sa grand'mère : Centaurine, par Elu, 1/2 s. N.
Sa bisaïeule : par Centaure, 1/2 s. N.
Saint-Lô : depuis 1896.

ORAN. — H. N.
Al. 1892. — Sarthe.
Par *Fuschia*, 1/2 s. N., et *Fatma*, par Serpolet-Bai, 1/2 s. N.
Sa grand'mère : Camélia, par Elu, 1/2 s. N.
Le Pin : depuis 1896.

ORANGER. — H. N.
Al. 1892. — Orne.
Par *Fuschia*, 1/2 s. N., et *Faustine*, par Serpolet-Bai, 1/2 s. N.
Sa grand'mère : Ran-Jai-Mé, par Kaolin, P. S. A.
Le Pin : 1895. — Mort le 27 juillet 1900.

ORFA (accepté). — M. H. Barbé.
Al. 1892. — Manche.
Par *Jubé*, 1/2 s. N., et une fille de Macouba, 1/2 s. N.
Saint-Lô : 1897. — Non présenté devant la Commission sanitaire
depuis 1898. — S. R. depuis.

ORGANIQUE (approuvé). — M. Lecaudey.
Bb. 1892. — Manche.
Par *Colporteur*, 1/2 s. N., et *Régine*, par Lavater, 1/2 s. N.
Sa grand'mère: Marguerite, P. S. A., par Le Sarrazin.
Saint-Lô : 1896. — Non présenté en 1898. — S. R. depuis.

ORGEAT, ex-**ORLÉANS**. — H. N.
B. 1891. — Orne.
Par *Iambe*, 1/2 s. N., et *Belle-de-Jour*, par Édimbourg, 1/2 s. N.
Sa grand'mère : Corentine, par Quiclet, 1/2 s. N.
Le Pin : depuis 1896.

ORGLANDES. — H. N.
B. 1892. — Manche.
Par *Dacapo*, 1/2 s. N., et *Lisette*, par Santerre, 1/2 s. N.
Sa grand'mère : par Urus, 1/2 s. N.
Saint-Lô : depuis 1896.

ORGUE, ex-**OCÉAN**. — H. N.
Bo. 1892. — Manche.
Par *Fontenay*, 1/2 s. N., et *Marquise*, par Saint-Cloud, 1/2 s. N.
Sa grand'mère : Marinette, par Quasi, 1/2 s. N.
Sa bisaïeule ; par Elu, 1/2 s. N.
Saint-Lô : depuis 1896.

ORIENT. — H. N.
Al. 1892. — Orne.
Par *Fuschia*, 1/2 s. N., et *Galka*, par Phaëton, 1/2 s. N.
Sa grand'mère : Isabelle, par Niger, 1/2 s. N.
Saint-Lô : depuis 1896.

ORIGINAL, — H. N.
B. 1892. — Orne.
Par *Cherbourg*, 1/2 s. N., et *Araignée*, par Kilomètre, 1/2 s. N.
Sa grand'mère : par Impérial, 1/2 s. N.
Saint-Lô : 1896. — Mort le 14 avril 1898.

ORMEAU. — H. N.
B. 1892. — Manche.
Par *Dacapo*. 1/2 s. N., et *Vigilante*, par Shamrock, 1/2 s. A.
Sa grand'mère : par Santerre, 1/2 s. N.
Saint-Lô : depuis 1896.

ORNANO. — H. N.
Bb. 1892. — Manche.
Par *Habéo*, 1/2 s. N., et *Rosette*, par Newton, 1/2 s. N.
Sa grand'mère : par Kent, 1/2 s. N.
Saint-Lô : depuis 1896.

ORSILOQUE. — H. N.
B. 1892. — Orne.
Par *Krakatoa*, P. S. A., et *Mademoiselle-de-Talonnay*,
par Valdempierre, 1/2 s. N.
Sa grand'mère : Centaurée, par Centaure, 1/2 s. N.
Sa bisaïeule : Brocardine, 1/2 s. N., par Brocardo, P. S. A.
Saint-Lô : depuis 1896.

OSBORNE. — H. N.
B. 1892. — Orne.
Par *Cherbourg*, 1/2 s. N., et *Jonquille*, par Dictateur, 1/2 s. N.
(approuvé).
Sa grand'mère : Tontine, par Eclipse, 1/2 s. N. (approuvé).
Saint-Lô : depuis 1896.

OSCAR. — H. N.
Al. 1889. — Manche.
Par *Harley*, 1/2 s. N., et *Miss-Reynolds*, par Reynolds, 1/2 s. N.
Le Pin : 1896. — Réformé après la monte de 1899. — Castré.

7.

OSIER, ex-**OCTAVE**. — H. N.
B. 1892. — Orne.
Par *Usquebac*, 1/2 s. N., et *Hirondelle*, par Gabier, P. S. A.
Sa grand'mère : Jument normande.
Saint-Lô : 1896. — Réformé le 8 août 1900 après la monte.

OSIRIS, ex-**OMBRAGEUX**. — H. N.
Al. 1892. — Manche.
Par *Jolibois*, 1/2 s. N., et *Belle-Idée*, par Ignoré, 1/2 s. N.
Sa grand'mère : Sophie, par Fire-Away, 1/2 s. A.
Saint-Lô : depuis 1896.

OSMONT. — H. N.
B. 1892. — Manche.
Par *Jarnac*, 1/2 s. N., et *Pierrette*, par Patrice, 1/2 s. N.
Sa grand'mère : Nubienne, 1/2 s. N., par Wild-Bird, P. S. A.
Saint-Lô : depuis 1896.

OSTROWSKI, 1/2 s. N.
Approuvé : M. Raymond d'Abzac (Seine-et-Oise).
B. 1892. — France.
Par *Calambac*, 1/2 s. N., et une fille de Beaumanoir, 1/2 s. N.
Le Pin : depuis 1896.

OTHON. — H. N.
B. 1892. — Orne.
Par *Fuschia*, 1/2 s. N., et *Iris*, par Héliotrope, 1/2 s. N.
Sa grand'mère : Orange, par Elu, 1/2 s. N.
Saint-Lô : depuis 1896.

OUDINOT. — H. N.
Al. 1892. — Manche.
Par *Harley*, 1/2 s. N., et *Cupidonne*, par L'Incroyable, P. S. A.
Sa grand'mère : Charmante, 1/2 s. N., par The Heir-of-Linne, P.S.A.
Sa bisaïeule : Corvette, par Lothaire, 1/2 s. N.
Sa trisaïeule : Carolda, par Perfection, 1/2 s. N.
Saint-Lô : depuis 1896.

OUI-DA. — H. N.
Bb. 1892. — Manche.
Par *Harley*, 1/2 s. N., et *Farceuse*, par Lavater, 1/2 s. N.
Sa grand'mère : Augustine, par Auguste, 1/2 s. N.
Saint-Lô : depuis 1896.

OUISTITI, ex-**ODIN**. — H. N.
Bb. 1892. - Manche.
Par *Farnèse*, 1/2 s. N., et *Mouvette*, par Saint-Cloud, 1/2 s. N.
Sa grand'mère : par Séduisant, 1/2 s. N. (approuvé).
Saint-Lô : 1896. — Réformé le 8 août 1900 après la monte.

OURAGAN, 1/2 s. N.
Approuvé : M. Albert Viel (Calvados).
N. 1892. — France.
Par *Homard*, 1/2 s. N., et *Karthoum*, par Dictateur, 1/2 s. N.
Le Pin : depuis 1898.

OURAL, ex-**NARCISSE**. — H. N.
B. 1892. — Manche.
Par *Fontenay*, 1/2 s. N., et *Mariquita*, P. S. A., par Skilark.
Saint-Lô : 1896. — Mort le 30 janvier 1896.

OUTREMER, ex-**ODÉON**. — H. N.
B. 1892. — Orne.
Par *Cherbourg*, 1/2 s. N., et *Rosamonde*, par Quiclet, 1/2 s. N.
Sa grand'mère : Alphérie, par Fitz-Pantaloon, 1/2 s. N.
Sa bisaïeule : Ida II, par Fitz-Pantaloon, 1/2 s. N.
(Voir *Rosamonde*, S. B. N., t. II, et aussi *Hallencourt*, t. I.)
Saint-Lô : depuis 1896.

OUVERT, ex-**OSTROGOTH**. - H. N.
N. 1892. — Calvados.
Par *Pluarc*, 1/2 s. N., et *Fringante*, par Cafarelli, 1/2 s. N.
Saint-Lô : 1896. — Mort le 21 mars 1896.

PACHA. — H. N.
Bb. 1893. — Orne.
Par *Barrabas*, 1/2 s. N., et *Jeannette*, par Valdempierre, 1/2 s. N.
Sa grand'mère : Giselle, P. S. A.
Saint-Lô : 1897. — Réformé après la monte de 1899. — Castré.

PADON. — H. N.
Bb. 1893. — Calvados.
Par *Gaveston*, 1/2 s. N., et *Follette*, par Vidi, 1/2 s. N.
Sa grand'mère : par Extase, 1/2 s. N.
Saint-Lô : 1897. — Réformé le 7 août 1901 après la monte.

PAILLOT (approuvé). — M. Guillerme (Manche).
Al. 1893. — Manche.
Par *Floridor*, 1/2 s. N., et une fille de Ramazan, 1/2 s. N.
Saint-Lô : 1897-1899. — Non présenté en vue de la monte de 1900.
S. R. depuis.

PAIMPOL, ex-**PALLAS**. — H. N.
B. 1893. — Calvados.
Par *Jouffroy*, 1/2 s. N., et *Joyeuse*. 1/2 s. N., par Réussi, P. S. A.
Sa grand'mère : par Noville, 1/2 s. N.
Saint-Lô : depuis 1897.

PALAIS-ROYAL. — H. N.
Bb. 1893. — Calvados.
Par *Galba*. 1/2 s. N., et *Java*, par Tigris, 1/2 s. N.
Sa grand'mère : Royale-Normande, par Normande, 1/2 s. N
Sa bisaïeule : Jeanneton, P. S. A., par Auguste, P. S. A.
Saint-Lô : 1897. — Réformé le 6 août 1898 et castré.

PALANQUIN. — H. N.
Bb. 1893. — Manche.
Par *Jubé*, 1/2 s. N., et *Martaine*, par Sorcier, 1/2 s. N.
Saint-Lô : depuis 1897.

PALAPRAT. — H. N.
Bb. 1893. — Calvados.
Par *Jamais*, 1/2 s. N., et *Mignonne*, par Raming, 1/2 s. N.
Sa grand'mère : par Sacrobosco, 1/2 s. N.
Saint-Lô : depuis 1897.

PALEFROY. — H. N.
Bb. 1893. — Sarthe.
Par *Iambe*, 1/2 s. N., et *Espérance*, 1/2 s. N., par Gabier, P. S. A.
Sa grand'mère : par Élu, 1/2 s. N.
Sa bisaïeule : par Séducteur, 1/2 s. N.
Saint-Lô : depuis 1897.

PALÉOLOGUE. — H. N.
B. 1893. — Manche.
Par *Alsacien*, 1/2 s. N., et *Castille*, par Attrayant, 1/2 s. N.
Le Pin : 1897. — N'a pas fait la monte de 1899.
Réformé en 1899. — Castré.

PALESTRO. — H. N.
B. 1893. — Calvados.
Par *Galba*, 1/2 s. N., et *Déception*, 1/2 s. N , par Normand,
1/2 s. N.
Sa grand'mère : Bécassine, 1/2 s. N., par Conquérant, 1/2 s. N.
Lamballe : 1897. — Saint-Lô : 1898.—Réformé le 23 décembre 1898
et castré.

PALIKARE. — H. N.
Bb. 1893. — Calvados.
Par *Jean-de-Nivelle II*, 1/2 s. N., et *Miss-Black*,
par Normand, 1/2 s. N.
Sa grand'mère : par Impétueux, 1/2 s. N.
Saint-Lô : 1897. — Réformé le 5 août 1899, après la monte. — Castré.

PALMIER. — H. N.
Al. 1893. — Manche.
Par *Fontenay*, 1/2 s. N., et *Marquise*, par Saint-Cloud, 1/2 s. N.
Sa grand'mère : par Quasi, 1/2 s. N.
Sa bisaïeule : par Élu, 1/2 s. N.
Saint-Lô : 1897. — Réformé le 7 août 1901 après la monte.

PALUDIER. — H. N.
Ro. 1893. — Orne.
Par *Kriss*, 1/2 s. N., et *Kermesse*, par Coq-du-Village, P. S. A.
Sa grand'mère : par Rutabaga, 1/2 s. N.
Le Pin : depuis 1897.

PALUS (approuvé). — M. E. Vaudry (Calvados).
N. 1893. — Calvados.
Par *Illustre*, 1/2 s. N., e turc fille de Tourville, 1/2 s. N.
Sa grand'mère : par Seymour, 1/2 s. N.
Saint-Lô : depuis 1897.

PAN, ex-PÉGASE. — H. N.
B. 1893. — Manche.
Par *Fontenay*, 1/2 s. N., et *Rosette*, par Télémaque, 1/2 s. N.
Sa grand'mère : par Auguste, P. S. A.
Saint-Lô : 1897. — Réformé le 17 décemvre 1900.
après la monte.

PANACHE (accepté). — M. Girouard.
B. 1893. — Manche.
Par *Jean-de-Nivelle*, 1/2 s. N., et *N.*, 1/2 s. N.,
par Shamrock, 1/2 s. A.
Saint-Lô : 1897. — Non présenté à la commission sanitaire en 1898.
S. R. depuis.

PANAMA II. — H. N.

Bb. 1893. — Calvados.

Par *Baptiste-le-More*, 1/2 s. N , et *Palmette*, par Palm, 1/2 s. N.

Sa grand'mère : par Printemps, 1/2 s. N.

Saint-Lô : 1897. — Réformé le 6 août 1898 et castré.

PANTHÉON. — H. N.

Bb. 1893. — Manche.

Par *Dacapo*, 1/2 s. N., et *Souris*, par Néthou, P. S. A.

Sa grand'mère : par Urus, 1/2 s. N.

Le Pin : depuis 1897.

PANURGE, ex-**PIQUE-ASSIETTE**. — H. N.

Bb. 1893. — Manche.

Par *Domino-Noir*, 1/2 s. N., et *Comète*, par Tempête, 1/2 s. N.

Sa grand'mère : par Vandermulin, 1/2 s. N.

Sa bisaïeule : par Paternel, 1/2 s. N.

Saint-Lô : 1897. — Réformé après la monte de 1899. —Castré.

PAPILLON (accepté). — M. Goudard.

B. 1880. — Manche.

Par *Producteur*, 1/2 s. N.

Saint-Lô : 1895. — Non présenté à la Commission sanitaire en 1893.

S. R. depuis.

PAPYRUS. — H. N.

Bb. 1893. — Orne.

Par *Fuschia*, 1/2 s. N., et *Frétillon*, 1/2 s. N., par Serpolet-Bai, 1/2 s. N.

Sa grand'mère : par Élu, 1/2 s. N.

Sa bisaïeule : Pégriote, 1/2 s. N., par Eylau, P. S. A.-A.

Le Pin : depuis 1897. — Réformé le 4 août 1900 après la monte.

PARFAIT — H. N.

Bb. 1893. — Calvados.

Par *Éclaireur*, 1/2 s. N., et *La Dives* par Tigris, 1/2 s. N.

Sa grand'mère : par Interprète, 1/2 s. N.

Saint-Lô : depuis 1897.

PARIS, ex-**PACTOLE**. — H. N.

B. 1893. — Manche.

Par *Alsacien*, 1/2 s. N., et *Godalba*, par Caprará, 1/2 s. N.

Sa grand'mère : par Romano, 1/2 s. N.

Saint-Lô : depuis 1897.

PARMENTIER — H. N.
B. 1893. — Manche.
Par *Docapo*, 1/2 s. N., et *Cocotte*, par Shamrock, 1/2 s. A.
Sa grand'mère : par Richard, 1/2 s. N.
Le Pin : 1897-1898. — Réformé le 9 août 1898 et castré.

PARMES. — H. N.
B. 1893. — Calvados.
Par *Juvigny*, 1/2 s. N., et *Sarah*, par Forestier, 1/2 s. N.
Le Pin : depuis 1897.

PARNASSE, ex-**PORT-ROYAL**. — H. N.
B. 1893. — Orne.
Par *Kriss*, 1/2 s. N., et une fille d'Étudiant, 1/2 s. N.
Sa grand'mère : par Koping, 1/2 s. N.
Le Pin : 1897. — Réformé le 9 août 1898 et castré.

PASSAIS (accepté). — M. H. Brisset.
Al. 1893. — Manche.
Par *Gourmet*, 1/2 s. N., et une fille de Quatre-Cents, 1/2 s. N.
Saint-Lô : 1897. — Non présenté à la Commission sanitaire
depuis 1898. — S. R. depuis.

PASSE-PARTOUT (approuvé). — M. Grenet (Calvados).
B. 1893. — Normandie.
Par *Socrate*, 1/2 s. N., et *Lisa*, par Tibère, 1/2 s. N.
Le Pin : 1897. — Mort en 1900.

PASSE-PARTOUT (autorisé en 1897, approuvé en 1898).
M. Lebeurier ; M. Crochard, 1900 (Manche).
B. 1893. — Manche.
Par *Harfleur*, 1/2 s. N., et une fille de Lodi, 1/2 s. N.
Sa grand'mère, par Peuplier, 1/2 s. N.
Sa bisaïeule : par Faucon, 1/2 s. N.
Saint-Lô : depuis 1897.

PASSE-PARTOUT (approuvé). — M. Bosquet (Calvados).
B. 1893. — Calvados.
Par *Jolibois*, 1/2 s. N., et une fille d'Archibald, 1/2 s. N.
Sa grand'mère : par Viril, 1/2 s. N.
Saint-Lô : depuis 1897.

PASSE-PARTOUT. — H. N.
N. 1893. — Seine-Inférieure.
Par *Riffis*, 1/2 s. N., et *Kara*, par Cherbourg, 1/2 s. N.
Sa grand'mère : par Niger, 1/2 s. N.
Saint-Lô : depuis 1897.

PASSY. — H. N.
B. 1893. — Orne.
Par *Qu'y-met-on*, 1/2 s. N., et *Pâquerette*, par Koping, 1/2 s. N.
Sa grand'mère : par Sédducteur, 1/2 s. N.
Le Pin : 1897. — Réformé après la monte de 1899. — Castré.

PATERNEL II. — H. N.
N. 1893. — Calvados.
Par *Union-Jack*, 1/2 s. N., et *Chérie*, par Archibald, 1/2 s. N.
Le Pin : depuis 1897.

PATRE. — H. N.
Bb. 1893. — Manche.
Par *Jean-de-Nivelle*, 1/2 s. N., et *Vigilante*, par Dacapo, 1/2 s. N.
Sa grand'mère : par Ulm, 1/2 s. N.
Sa bisaïeule : par Shamrock, 1/2 s. A.
Saint-Lô : depuis 1897.

PATRICE. — H. N.
Al. 1893. — Manche.
Par *Jouteur*, 1/2 s. N., et *Lisette*, par Mine-d'Or, 1/2 s. N.
Sa grand'mère : par Original, 1/2 s. N.
Sa bisaïeule : par Kapirat, 1/2 s. N.
Saint-Lô : depuis 1897.

PATRICIEN (approuvé). — M. Desmanneteaux ;
M. Léveillé (Manche).
B. 1893. — Manche.
Par *Follet*, 1/2 s. N., et une fille de Pater, 1/2 s. N.
Saint-Lô : depuis 1897.

PATRIOTE. — H. N.
Bb. 1893. — Calvados.
Par *Qui-Vive*, 1/2 s. N. (approuvé), et *Lutèce*, par Acquila, 1/2 s. N.
Sa grand'mère : Camélia, par Normand, 1/2 s. N.
Sa bisaïeule : par Wladimir, 1/2 s. N.
Saint-Lô : depuis 1897.

PATUCHON (approuvé). — M. Lebaudy ; M. L. Vaudry (Calvados).
Bb. 1893. — Calvados.
Par *J'y-Pensais*, et une fille de Réservé, 1/2 s. N.
Saint-Lô : depuis 1897.

PAUILLAC. — H. N.
B. 1893. — Orne.
Par *Riffis*, 1/2 s. N., et *Colombine*, par Niger, 1/2 s. N.
Sa grand'mère : Rachel, par Taconnet, 1/2 s. N.
Sa bisaïeule : par Esculape, 1/2 s. N.
Saint-Lô : depuis 1887.

PAULUS. — H. N.
Bb. 1893. — Orne.
Par *James-Watt*, 1/2 s. N., et *Églantine*, par Serpolet-Bai, 1/2 s. N.
Sa grand'mère : Florence, par Gaulois, 1/2 s. N.
Le Pin : 1897.
Passé au service de l'Ecole des Haras le 9 août 1898.

PAYSAN (accepté). — M. Brotelande.
Gr. 1893. — Manche.
Par *Tempête*, 1/2 s. N., et *Flambeau*, 1/2 s. N.
Saint-Lô : 1897-1899. — Mort.

PEAU-ROUGE (approuvé). — M. Donzel.
Al. 1893. — Calvados.
Par *Khédive*, 1/2 s. N., et une fille de Vengeur, 1/2 s. N.
Sa grand'mère : Suzan, P. S. A., par Soucar.
Saint-Lô : 1897. — Non présenté en 1898.

PÈDON (accepté). — M. Féron.
B. 1892. — Manche.
Par *Gambler*, P. S. A.
Saint-Lô : 1897. — Réformé en 1898.

PÉDRO. — H. N.
Bb. 1893. — Calvados.
Par *Valencourt*, 1/2 s. N., et *Gisèle*, par Tigris, 1/2 s. N.
Sa grand'mère : Rigolette III, par Conquérant, 1/2 s. N.
Saint-Lô : 1897. — Réformé le 6 août 1898 et castré.

PÉGASE. — H. N.

B. 1893. — Orne.

Par *Fuschia*, 1/2 s. N., et *La Fontaine*, par Niger, 1/2 s. N.
Sa grand'mère : Indépendante, par Trouville, P. S. A.
Sa bisaïeule : Alphéric, 1/2 s. N., par Fitz-Pantaloon, P. S. A.

Saint-Lô : depuis 1897.

PÉLICAN. — H. N.

B. 1893. — Manche.

Par *Jolibois*, 1/2 s. N., et *Poulot*, par Agnadel, 1/2 s. N.
Sa grand'mère : par Pater, 1/2 s. N.
Sa bisaïeule : par Lagopède, 1/2 s. N.

Saint-Lô : depuis 1897.

PERDANT. — H. N.

B. 1893. — Manche.

Par *Jolibois*, 1/2 s. N., et *Mousseline*, par Fidèle-au-Malheur.
Sa grand'mère : par Va-de-bon-Cœur, 1/2 s. N.

Saint-Lô : 1897. — Réformé le 23 décembre 1898 et castré.

PERSÉVÉRANT. — H. N.

Al. 1893. — Orne.

Par *Juvigny*, 1/2 s. N., et *Étincelle*, par Phaëton, 1/2 s. N.
Sa grand'mère : par Centaure, 1/2 s. N.
Sa bisaïeule : par Pledge, 1/2 s. N.

Saint-Lô : 1897. — Mort le 8 avril 1899.

PETIT-POUCET. — H. N.

Bb. 1893. — Orne.

Par *Cherbourg*, 1/2 s. N., et *Perce-Neige*, P. S. A., par Cymbal.

Le Pin : depuis 1897.

PETITVILLE. — H. N.

Al. 1893. — Calvados.

Par *Harley*, 1/2 s. N., et *Fauvette V.*, 1/2 s. N., par Niger,
1/2 s. N.
Sa grand'mère : par Tamberlick, P. S. A.

Le Pin : depuis 1898.

PEUREUX (accepté). — M. Huscenot.

B. 1893. — Orne.

Par *Jean-le-Gros*, 1/2 s. N., et *Parthénon*.

Le Pin : 1897. — S. R. depuis cette époque.

PHAËTON. — H. N.
Al. 1871. — Manche.
Par *The Heir-of-Linne*, P. S. A., et une 1/2 s. N.,
par Crocus, 1/2 s. A.
Le Pin : 1876-1896.

PHARAON. — H. N.
B. 1893. — Manche.
Par *Colporteur*, 1/2 s. N., et *Cupidonne*, par L'Incroyable, P. S. A.
Sa grand'mère : 1/2 s. N., par The Heir-of-Linne, P. S. A.
Le Pin : depuis 1897.

PHARE. — H. N.
Bb. 1893. — Manche.
Par *Harley*, 1/2 s. N., et *Camélia*, par Lavater, 1/2 s. N.
Sa grand'mère : 1/2 s. N., par The Heir-of-Linne, P. S. A.
Saint-Lô : depuis 1897.

PHÉNIX. — H. N.
B. 1893. — Orne.
Par *Cherbourg*, 1/2 s. N., et *Dwina*, par Serpolet-Bai, 1/2 s. N.
Sa grand'mère : Kity, par Kaolin, P. S. A.
Sa bisaïeule : Ida, par William, P. S. A.
Saint-Lô : 1897. — Réformé le 8 août 1900 après la monte.

PHIDIAS. — H. N.
B. 1893. — Orne.
Par *Hallencourt*, 1/2 s. N., et *Finlande*, par Sobriquet, 1/2 s. N.
Sa grand'mère : par Médicis, P. S. A.
Saint-Lô : 1897. — Réformé le 23 décembre 1898 et castré.

PHILIBERT, ex-PÉDANT. — H. N.
Bb. 1893. — Orne.
Par *Kiffis*, 1/2 s. N., et *Kabylie*, par Vampire, 1/2 s. N.
Sa grand'mère : par Phaëton, 1/2 s. N.
Le Pin : 1897. — Mort le 8 août 1898.

PIERROT. — H. N.
B. 1893. — Manche.
Par *Levraut*, 1/2 s. N., et *Jarnicoton*, 1/2 s. N., par Domino-Noir,
1/2 s. N.
Sa grand'mère : par Conquérant, 1/2 s. N.
Sa bisaïeule : Modestie, 1/2 s. N., par The Heir-of-Linne, P. S. A.
Saint-Lô : depuis 1898.

PIF. — H. N.

Al. 1893. — Manche.

Par *Harley*, 1/2 s. N., et *Pâquerette*, par Tempête, 1/2 s. N.

Sa grand'mère : par Page, 1/2 s. N.

Sa bisaïeule : par Ray-Grass, 1/2 s. N.

Saint-Lô : 1897. — **Mort le 30 juin 1899.**

PILOTE (accepté). — M. L. Ruel.

Al. 1893. — Manche.

Par *Vaucouleurs*, 1/2 s. N.

Saint-Lô : 1897-1898. — S. R. depuis.

PILPAY. — H. N.

B. 1893.—Calvados.

Par *Joinville II*, 1/2 s. N., et *Solide*, par Ermite, 1/2 s. N.

Saint-Lô : 1897. — Réformé après la monte de 1899. — Castré.

PIPELET. — H. N.

Bb. 1893. — Orne.

Par *Cherbourg*, 1/2 s. N., et *Mandragore*, par Niger, 1/2 s. N.

Sa grand'mère : Espérance, par Taconnet, 1/2 s. N.

Sa bisaïeule : par Centaure, 1/2 s. N.

Le Pin : 1897. — Passé au Dépôt de Rodez le 22 novembre 1897.

PIQUE-ASSIETTE, — H. N.

B. 1893. — Calvados.

Par *Juvigny*, 1/2 s. N., et *Sans-Gêne*, par Conquérant, 1/2 s. N.

Sa grand'mère : Carignan, 1/2 s. N.

Le Pin : depuis 1897.

PIRON. — H. N.

Al. 1893. — Manche.

Par *Fred-Archer*, 1/2 s. N., et *Iurna*, par Reynolds, 1/2 s. N.

Sa grand'mère : par Phosphore (approuvé), 1/2 s. N.

Sa bisaïeule : par Lavater, 1/2 s. N.

Saint-Lô : 1897. — Réformé le 5 août 1899. — Castré.

PITT, ex-**PASSE-PARTOUT**. — H. N.

Bb. 1893. — Manche.

Par *Dacapo*, 1/2 s. N., et *Lisette*, par Franconi, 1/2 s. N.

Sa grand'mère : par Shamrock, 1/2 s. A.

Saint-Lô : depuis 1897.

PLAISIR-DES-DAMES. — H. N.
Al. 1893. — Manche.
Par *Magician*, P. S. A., et *Sarah*, par Dominant, 1/2 s. N.
Sa grand'mère : par Quality, 1/2 s. N.
Sa bisaïeule · par J'y-Songerai, 1/2 s. N.
Saint-Lô : depuis 1897.

PLAISSAN. — H. N.
B. 1893. — Orne.
Par *Dandolo*, 1/2 s. N., et *Cybèle*, par Nécy, 1/2 s. N.
Sa grand'mère : par Régnier, 1/2 s. N.
Saint-Lô : 1897. — Réformé le 6 août 1898 et castré.

PLATON, 1/2 s. N.
Approuvé : M. Allain (Manche) ; M. Girard (Manche), 1900.
B. 1893. — Normandie.
Par *Kurde*, 1/2 s. N., et une fille de Noville, 1/2 s. N.
Saint-Lô : depuis 1898.

PLUTUS. — H. N.
N. 1893. — Manche.
Par *Harley*, 1/2 s. N., et *Cascade*, par Lavater, 1/2 s. N.
Sa grand'mère : par The Heir-of-Linne, P. S. A.
Sa bisaïeule : par Lagopède, 1/2 s. N.
Saint-Lô : depuis 1897.

POINT-NOIR, ex-**JARNAC**. — H. N.
N. 1893. — Calvados.
Par *Qui-Vive*, 1/2 s. N. (approuvé), et *Bavaroise*, par Niger,
1/2 s. N.
Sa grand'mère : Sylvia, par Conquérant, 1/2 s. N.
Saint-Lô : 1897. — Réformé le 7 août 1901 après la monte.

POLICHINELLE, ex-**PASSE-PARTOUT**. — H. N.
B. 1893. — Manche.
Par *Harley*, 1/2 s. N., et *Lisa*, par Sénéchal, 1/2 s. N.
Sa grand'mère : par Mirliton, 1/2 s. N.
Sa bisaïeule : par Bravo, P. S. A.
Saint-Lô : depuis 1897.

POLLION. — H. N.
Bb. 1893. — Manche.
Par *Colporteur*, 1/2 s. N., et *Belle Idée*, par Café. 1/2 s. N.
Sa grand'mère : par Ignoré, 1/2 s. N.
Sa bisaïeule : par Fire-Away, 1/2 s. A.
Saint-Lô : depuis 1897.

POLYDOR. — H. N.
B. 1893.— Manche.
Par *Follet*, 1/2 s. N., et *Lavater*, par Lavater, 1/2 s. N.
Sa grand'mère : par Ravissant, 1/2 s. N.
Saint-Lô : 1897. — Réformé le 8 août 1900 après la monte.

POLYGONE. — H. N.
B. 1893. — Orne.
Par *Havas*, 1/2 s. N., et *Séduisante*, par Taconet, 1/2 s. N.
Sa grand'mère : par Séducteur, 1/2 s. N.
Saint-Lô : 1897. — Réformé le 6 août 1898 et castré.

POMPÉE. — H. N.
B. 1893. — Manche.
Par *Jolibois*, 1/2 s. N., et *Giroflée*, par Tigris, 1/2 s. N.
Sa grand'mère : par Conquérant, 1/2 s. N.
Saint-Lô : depuis 1897.

POMPÉÏ. — H. N.
Bb. 1893. — Sarthe.
Par *Fuschia*, 1/2 s. N., et *Fatma*, par Serpolet-Bai, 1/2 s. N.
Sa grand'mère : par Élu, 1/2 s. N.
Sa bisaïeule : par Séducteur, 1/2 s. N.
Le Pin : depuis 1897.

POMPIER, 1/2 s. N.
Approuvé : M. Ad. Lebaudy (Calvados).
Bb. 1893. — France.
Par *Qui-Vive*, 1/2 s. N., et *Kyrielle*, par Acquila, 1/2 s. N.
Le Pin : 1898. — Vendu en 1900.

PONT-D'OR. — H. N.
Al. 1893. — Manche.
Par *Gibraltar*, 1/2 s. N., et *Quality*, par Quality, 1/2 s. N.
Sa grand'mère : Newtone, par Newton, 1/2 s. N.
Sa bisaïeule : par Agenda, 1/2 s. N.
Saint-Lô : depuis 1897.

PONTGOUIN. — H. N.
B. 1893. — Orne.
Par *Fuschia*, 1/2 s. N., et *Yanthine*, par Beaugé, 1/2 s. N.
Sa grand'mère : Espérance, par Abrantès, 1/2 s. N.
Sa bisaïeule : Brillante, par Destin, 1/2 s. N.
Saint-Lô : depuis 1897.

PONTIVY. -- H. N.
N. 1893. — Calvados.
Par *Union-Jack*, 1/2 s. N., et *Bijou*, par Sobriquet, 1/2 s. N.
Sa grand'mère : par Jules-César, 1/2 s. N.
Saint-Lô : depuis 1897.

PORNIC. — H. N.
Bb. 1893. — Manche.
Par *Harley*, 1/2 s. N., et *Farceuse*, 1/2 s. N.,
par Lavater, 1/2 s. N.
Sa grand'mère : Augustine, P. S. A., par Auguste et Dalilah.
Le Pin : depuis 1897.

PORTE-DRAPEAU. — H. N.
B. 1893. — Calvados.
Par *Fuschia*, 1/2 s. N., et *Chiffonnette*, 1/2 s. N.
par Noville, 1/2 s. N.
Sa grand'mère : Royale-Topaze, P. S. A.
Saint-Lô : depuis 1898.

PORTE-MONNAIE. — H. N.
B. 1893. — Calvados.
Par *Jean-de-Nivelle II*, 1/2 s. N., et *La Belle*, par Saint-Rigomer,
1/2 s. N.
Sa grand'mère : par Ulbach, 1/2 s. N.
Saint-Lô : depuis 1897.

PORTE-VEINE. — H. N.
Bb. 1893. — Calvados.
Par *Juvigny*, 1/2 s. N., et *Kabyle*, par Tigris, 1/2 s. N.
Sa grand'mère : par Affidavit, P. S. A.
Saint-Lô : depuis 1897.

PORTICI. — H. N.
B. 1893. — Orne.
Par *Fuschia*, 1/2 s. N., et *Faustine*, par Serpolet-Bai, 1/2 s. N.
Sa grand'mère : Ran-ja-i-mé, par Kaolin, P. S. A.
Le Pin : depuis 1897.

PORT-ROYAL. — H. N.
Bb. 1893. — Calvados.
Par *Juvigny*, 1/2 s N., et *Gavotte*, par Valencourt, 1/2 s. N.
Sa grand'mère : par Conquérant, 1/2 s. N.
Sa bisaïeule : jument anglaise.
Le Pin : depuis 1897.

POSTILLON (accepté). — M. Perdriel.
B 1893. — Normandie.
Par *Jaguar*, 1/2 s. N., et une fille de Diadème, 1/2 s. N.
Saint-Lô : 1897.
Non présenté à la Commission sanitaire depuis 1898. — S. R. depuis.

POURQUOI-DONC (approuvé). — M. Lebaudy ;
M. de Sainte-Marie, 1899 (Calvados).
Bb. 1893. — Calvados.
Par *Archibald*, 1/2 s. N., et une fille d'Union-Jack, 1/2 s. N.
Saint-Lô : 1897. — 17 janvier 1897, passé dans la circonscription
du Pin. — A fait la monte de 1898 dans la Mayenne.
N'a pas fait la monte dans la circonscription en 1900.

POURQUOI-PAS (accepté). — M. Bonnissent.
N. 1893. — Manche.
Par *Virgile*, 1/2 s. N., et une fille de Laboureur, 1/2 s. N.
Saint-Lô : 1897-1898. — S. R. depuis.

PREMIER-MAI, 1/2 s. N. — Autorisé.
M. Daranches-Journois, Neufchâtel (Seine-Inférieure).
Bai rub. Né en 1893. — France.
Par *Hardy* et *Ondalwaya*.
Le Pin : depuis 1900.

PRESBOURG (approuvé). — M. Thibault (Orne).
Al. 1893. — Orne.
Par *Fuschia*, 1/2 s. N., et *Jessie*, 1/2 s. N., par Vichnou, P. S. A
Le Pin : depuis 1897.

PRÉTORIEN. — H. N.
B. 1893. — Manche.
Par *Hallali*, 1/2 s. N., et *Papillon*, 1/2 s. N., par Shamrock,
1/2 s. A.
Sa grand'mère : par Jackson, 1/2 s. A.
Sa bisaïeule : par Octavo, 1/2 s. N.
Saint Lô : depuis 1897.

PRIAM, ex-**PSTT**. — H. N.
B. 1893. — Manche.
Par *Fontenay*, 1/2 s. N., et *Follette*, P. S. A., par Gantelet.
Sa grand'mère : Mademoiselle-de-la-Romanerie, P. S. A.
Saint-Lô : 1897. — Réformé après la monte de 1899. — Castré.

PRINCE-NOIR (approuvé). — M. Delettrez (Manche).
Bb. 1893. — Manche.
Par *Canut*, 1/2 s. N., et une fille d'Écueil, 1/2 s. N.
Saint-Lô : depuis 1897.

PRINTEMPS (approuvé).
M. Eude, 1897 ; M. Voisin (Calvados).
B. 1893. — Calvados.
Par *Jolibois*, 1/2 s. N., et une fille de Sobriquet, 1/2 s. N.
Sa grand'mère : 1/2 s. N., par Médicis, P. S. A.
Saint-Lô : depuis 1897.

PRINTEMPS, ex-**PILOTE**. — H. N.
Ro. 1893. — Calvados.
Par *Juvigny*, 1/2 s. N., et *Ecossaise*, par Normand, 1/2 s. N.
Sa grand'mère : par Conquérant, 1/2 s. N.
Sa bisaïeule : jument anglaise.
Saint-Lô : 1897. — Réformé le 8 août 1900 après la monte.

PRONOSTIC. — H. N.
Gr. 1895. — Orne.
Par *Cherbourg*, 1/2 s. N., et *Isaura*, par Beaugé.
Sa grand'mère : par Condé, 1/2 s. N.
Sa bisaïeule : par The Norfolk-Phœnoménon, 1/2 s. N.
Le Pin : depuis 1897.

PROTAGORAS. — H. N.
B. 1893. — Sarthe.
Par *James-Watt*, 1/2 s. N., et *Lutine*, par Serpolet-Bai, 1/2 s. N.
Sa grand'mère : Belle-Garde, par Koping ou Abrantès, 1/2 s. N.
Le Pin : 1897. — Réformé le 7 août 1901 après la monte.

PYRÉNÉEN. — H. N.
Bb. 1893. — Manche.
Par *Esbly*, 1/2 s. N., et *Poulot*, par Virgile, 1/2 s. N.
Sa grand'mère : par Bravo, P. S. A.
Saint-Lô : depuis 1897.

QUADRA, ex-**VANCOUVER**. — H. N.
B. 1894. — Manche.
Par *Ministère*, P. S. A., et *Lisette*, 1/2 s. N., par Nicanor, 1/2 s. N.
Sa grand'mère : par Daniel, 1/2 s. N. (approuvé).
Saint-Lô : depuis 1898.

QUADRANT. — H. N.
Bb. 1894. — Manche.
Par *Harley*, 1/2 s. N., et *Mademoiselle-de-Valogne*, 1/2 s. N.,
par Valencourt, 1/2 s. N.
Sa grand'mère : par Wild-Bird, P. S. A.
Saint-Lô : depuis 1898.

QUADRILLE, 1/2 s. N. — Approuvé.
M. Anger (Sosthène), à Saint-Aubin-des-Bois (Calvados).
N. 1894. — France.
Par *Kalmia* et *Tempête*.
Saint-Lô : depuis 1901.

QUAKER. — H. N.
N. 1894. — Orne.
Par *Phaéton* ou *Cherbourg*, 1/2 s. N., et *Lœlitia*, 1/2 s. N.,
par Cicéron II, 1/2 s. N.
Sa grand'mère : par Valdempierre, 1/2 s. N.
Le Pin : depuis 1898.

QUALIFIÉ, ex-**QUADRILLE**, 1/2 s. N. — H. N.
N. 1894. — Manche.
Par *Levraut*, 1/2 s. N , et *Emigrée*, 1/2 s. N., par Acquila, 1/2 s. N.
Sa grand'mère : par Apis, 1/2 s. N.
Saint-Lô : depuis 1898.

QUALITEUX, ex-**QUIBRON**, 1/2 s. N. — H. N.
B. 1894. — Manche.
Par *Jean-de-Nivelle*, 1/2 s. N., et *Vigilante*, 1/2 s. N., par Dacapo,
1/2 s. N.
Sa grand'mère : par Ulm, 1/2 s. N.
Saint-Lô : 1898. — Réformé le 5 août 1899. — Castré.

UALITY. — 1/2 s. N. (approuvé). M. Auvray (Seine-et-Oise);
M. Duchenne.
B. 1894. — France.
Par *Kentucky*, 1/2 s. N., et une fille d'Etendard, 1/2 s. N.
Le Pin : depuis 1898.

QUALITY II. — H. N.
B. 1894. — Manche.
Par *Colporteur*, 1/2 s. N., et *Quality*, 1/2 s. N., par Quality,
1/2 s. N.
Sa grand'mère : par Newton, 1/2 s. N.
Saint-Lô : depuis 1898.

QUARANTE-HEURES. — H. N.
B. 1894. — Calvados.
Par *Homard*, 1/2 s. N., et *Faribole*, 1/2 s. N., par Valère, 1/2 s. N.
Sa grand'mère : par Jeffrys, 1/2 s. N.
Saint-Lô : depuis 1898.

QUART-D'HEURE.— 1/2 s. N. (approuvé). M. J. Richard
(Manche).
Al. 1894. — France.
Par *Nabucho*, 1/2 s. N., et *Torpille*, 1/2 s. N.; par Jadis, 1/2 s. N.
Saint-Lô : depuis 1898.

[**QUARTERON**. — H. N.
Bb. 1894. — Calvados.
Par *Lucifer*, 1/2 s. N., et *Kasba*, 1/2 s. N., par Dandolo, 1/2 s. N.
Sa grand'mère : par Liberator, 1/2 s. A.
Saint-Lô : 1898. — Réformé le 9 décembre 1899. — Castré.

QUARTIER, ex-**QUARTIER-MAITRE**. — H. N.
B. 1894. — Manche.
Par *Follet*, 1/2 s. N., et *Bergère*, par Stern, 1/2 s. N.
Sa grand'mère : par Lucullus, 1/2 s. N.
Saint-Lô : depuis 1898.

QUARTIER-MAITRE, 1/2 s. N. — H. N.
B. 1894. — Orne.
Par *Fuschia*, 1/2 s. N., et *Laura*, 1/2 s. N., par Cherbourg,
1/2 s. N.
Sa grand'mère : par Phaéton, 1/2 s. N.
Saint-Lô : depuis 1898.

QUARTIER-MAITRE, 1/2 s. N.
Approuvé : M. L. Vaudry (Calvados); M. Cornille (Louis), 1901.
Bb. 1894. — France.
Par *Knight*, 1/2 s. N., et *Favorite*, 1/2 s. N., par Vingt-Mars,
P. S. A.
Saint-Lô : depuis 1898.

QUARTILE. — H. N.
B. 1894. — Manche.
Par *Follet*, 1/2 s. N., et *Coquette*, 1/2 s. N., par Héritier, 1/2 s. N.
Sa grand'mère : par Ussel, 1/2 s. N.
Saint-Lô : depuis 1898.

QUASIMODO. — H. N.
B. 1894. — Calvados.
Par *Qui-Vive ?* (approuvé), 1/2 s. N., et *Jeanne-d'Arc*, 1/2 s. N.,
par Conquérant, 1/2 s. N.
Sa grand'mère : par The Heir-of-Linne, P. S. A.
Saint-Lô : depuis 1898.

QUASIMODO, 1/2 s. N.
Approuvé : M. Le Marchand (Manche).
B. 1894. — France.
Par *Ambitious-Boy*, 1/2 s. A. (approuvé), et *Ombrage*, 1.2 s. N.,
par Reveller, P. S. A.
Saint-Lô : depuis 1898.

QUATORZE. — H. N.
B. 1894. — Manche.
Par *Follet*, 1/2 s. N., et *Négrette*, 1/2 s. N., par Sir-Edwin-Landseer,
1/2 s. A.
Sa grand'mère : par Riga, 1/2 s. N.
Saint-Lô : depuis 1898.

QUATERNE, ex-**QUAKER**. — H. N.
Al. 1894. — Calvados.
Par *Kachemir*, 1/2 s. N., et *Mathilde* 1/2 s. N., par Acquiia
1/2 s. N.
Sa grand'mère : par Introuvable, 1/2 s. N.
Le Pin : 1898. — Réformé après la monte de 1899. — Castré.

QUATRAIN, ex-**QUARTIER-MAITRE**. — H. N.
N. 1894. — Calvados.
Par *Juvigny*, 1/2 s. N., et *Belda*, 1/2 s. N., par Noville, 1/2 s. N.
Sa grand'mère : par Conquérant, 1/2 s. N.
Le Pin : depuis 1898.

QUATRE-A-QUATRE, ex-**QUARTIER-MAITRE**. — H. N.
Al. 1894. — Calvados.
Par *Gerardmer*, 1/2 s. N., et *Georgette*, 1/2 s. N., par Gaveston,
1/2 s. N.
Sa grand'mère : par Oriental, 1/2 s. N.
Saint-Lô : depuis 1898.

QUATREBRAS. — H. N.
B. 1894. — Manche.
Par *Tempête*, 1/2 s. N., et *Cocotte*, 1/2 s. N., par Quelier, 1/2 s N.
Le Pin : depuis 1898.

QUATRE-CANTONS, ex-**QUASIMODO**. — H. N.
B. 1894. — Orne.
Par *Havas*, 1/2 s. N., et *Jacqueline*, 1/2 s. N.,
par Jactator, 1/2 s. N.
Sa grand'mère : par Rapid-Roan, 1/2 s. A.
Le Pin : depuis 1898.

QUATRE-SOUS, ex-QUARTIER-MAITRE. — H. N.
Bb. 1894. — Manche.

Par *Harley*, 1/2 s. N., et *Cléopâtre*, 1/2 s. N.,
par Utrecht, 1/2 s. N.

Sa grand'mère : par Agrippa, 1/2 s. N.
Saint-Lô : depuis 1898.

QUATRE-VINGTS, ex-PASSAGER. — H. N.
B. 1894. — Manche.

Par *Liverpool*, 1/2 s. N., et *Jeune-Espérance*, 1/2 s. N.,
par Lavater, 1/2 s. N.

Sa grand'mère : par The Heir-of-Linne, P. S. A.
Saint-Lô : 1898. — Réformé le 7 août 1901 après la monte.

QUEBEC (approuvé), 1/2 s. N. — M. Edouard Dupont.
B. 1894. — France.

Par *Nabucho* et une fille d'Edimbourg.

Le Pin : 1898. — N'a pas fait la monte en 1898.
Vendu pour l'Amérique en 1899.

QUÉBEC II, ex-QUÉBEC. — H. N.
B. 1894. — Orne.

Par *Phaéton*, 1/2 s. N., et *Léda*, 1/2 s. N., par Uriel
ou Valdempierre, 1/2 s. N.

Sa grand'mère : par Vicomte, 1/2 s. N.
Le Pin : 1898. — Réformé le 7 août 1901 après la monte.

QUEL-BEAU ! ex-QUESTEUR. — H. N.
B. 1894. — Orne.

Par *Cherbourg*, 1/2 s. N., et *Sidalis*, 1/2 s. N.,
par Abrantès, 1/2 s. N.

Sa grand'mère : par Séducteur, 1/2. s. N.
Le Pin : depuis 1898.

QUEL-CHARMEUR, ex-ISMAËL, 1/2 s. N. — H. N.
Al. 1894. — Manche.

Par *Harley*, 1/2 s. N., et *Menante*, 1/2 s. N.,
par Descartes, 1/2 s. N.

Sa grand'mère : par Shamrock, 1/2 s. A.
Saint-Lô : 1898. — Réformé le 23 décembre 1898 et castré.

QUELEN, ex-QU'EN-PENSEZ-VOUS. — H. N.
Bb. 1894. — Manche.
Par *Harley*, 1/2 s. N., et *Gitana*, 1/2 s. N., par Esbly, 1/2 s. N.
Sa grand'mère : par Sénéchal, 1/2 s. N.
Saint-Lô : 1898. — Réformé le 23 décembre 1898 et castré.

QUELNEUC. — H. N.
Ro. 1894. — Manche.
Par *Jamais*, 1/2 s. N.. et *Cocote*, 1/2 s. N., par Béranger,
1/2 s. N. (approuvé).
Le Pin : depuis 1898.
Passé au dépôt de Lamballe le 13 décembre 1900.

QUELQUEFOIS, ex-QUÉBEC, 1/2 s. N. — H. N.
B. 1894. — Orne.
Par *Lobau*, 1/2 s. N., et *Mélodie*, 1/2 s. N., par Fuschia, 1/2 s. N.
Sa grand'mère : par Marignan, 1/2 s. N.
Saint-Lô : depuis 1898.

QUEL-TYPE, 1/2 s. N. — H. N.
Al. 1894. — Manche.
Par *Fontenay*, 1/2 s. N., et *Acacia*, 1/2 s. N.,
par Reynolds, 1/2 s. N.
Sa grand'mère : par Lavater, 1/2 s. N.
Saint-Lô : 1898. — Réformé le 8 août 1900 après la monte.

QU'EN-PENSEZ-VOUS. — H. N.
Bb. 1894. — Manche.
Par *Farnèse*, 1/2 s. N., et *Brunette*, 1/2 s. N., par Céladon, 1/2 s. N.
Sa grand'mère : par Palatin, P. S. A.
Saint-Lô : 1898. — Réformé le 7 août 1901 après la monte.

QUENTIN. — H. N.
B. 1894. — Manche.
Par *Café*, 1/2 s. N., et *Bergère*, 1/2 s. N., par Ecran, 1/2 s. N.
Sa grand'mère : par Orme, 1/2 s. N., approuvé.
Saint-Lô : 1898. — Mort le 13 mars 1899.

QUERCY. — H. N.
B. 1894. — Manche.
Par *Levraut*, 1/2 s. N., et *Khiva*, 1/2 s. N., par *Lavater*, 1/2 s. N.
Sa grand'mère : Cent-Sous, P. S. A., par Ruy-Blas.
Sa bisaïeule : Cantine, P. S. A., par Vermouth.
Saint-Lô : depuis 1898.

QUERELLEUR, 1/2 s. N.
Approuvé : M. Aug. Richard (Manche).
B. 1894. — France.
Par *Forestier*, 1/2 s. N., et *Bijou*, 1/2 s. N., par *Orfila*, 1/2 s. N
Saint-Lô : depuis 1898.

QUERELLEUR, 1/2 s. N. — H. N.
B. 1894. — Manche.
Par *Jacques*, 1/2 s. N., et *Pompon*, 1/2 s. N., par Utile-à-Tout,
1/2 s. N.
Sa grand'mère : par Platon, 1/2 s. N.
Saint-Lô : depuis 1898.

QUERLON. — H. N.
Bb. 1894. — Orne.
Par *Cherbourg*, 1/2 s. N., et *Célimène*, 1/2 s. N., par Niger, 1/2 s N.
Sa grand'mère : par Brocardo, P. S. **A.**
Saint-Lô : 1898. — Réformé le 9 décembre 1899. — Castre.

QUESNOT, 1/2 s. N. — H. N.
B. 1894. — Manche.
Par *Lance-à-Mort*, 1/2 s. N., et *Bravade*, 1/2 s. N., par Lavater.
1/2 s. N.
Sa grand'mère : par The Heir-of-Linne, P. S. **A.**
Saint-Lô : 1898. — Réformé le 8 août 1900 après la monte.

QUESNOY. — H. N.
B. 1894. — Orne.
Par *Nabucho*, 1/2 s. N., et *Lady-Namitt*, 1/2 s. N., par Echo.
1/2 s. N.
Sa grand'mère : par Niger, 1/2 s. N.
Saint-Lô : depuis 1898.

QUESTEUR. — H. N.
B. 1894. — Orne.
Par *Cherbourg*, 1/2 s. N., et *Conquête*, 1/2 s. N., par Conquérant,
1/2 s. N.
Sa grand'mère : par Niger, 1/2 s. N.
Le Pin : depuis 1898.

QUESTEUR, 1/2 s. N.
Approuvé : M. Le Marchand (Manche).
B. 1894. — Manche.
Par *Lemnos*, 1/2 s. N., et *Reblot*, 1/2 s. N., par Utique, 1/2 s. N.
Saint-Lô : depuis 1898.

QUEUSSI-QUEUMI. — H. N.
B. 1894. — Calvados.
Par *Hallencourt*, 1/2 s. N., et *Lisa*, 1/2 s. N., par Diadème,
1/2 s. N.
Saint-Lô : 1898. — Réformé le 8 août 1900 après la monte.

QUEVEL. 1/2 s. N. — Approuvé
M. Chevalier, à Valframbert.
Al. 1894. — France.
Par *Nabucho* et *Léda*, par Phaéton.
Le Pin : 1899. — Vendu en 1900. — En 1899, n'a pas fait la monte.

QUIBBLER, ex-**QUINOLA**. — H. N.
B. 1894. — Orne.
Par *Fuschia*, 1/2 s. N., et *Écossaise III*, 1/2 s. N., par Ulrich II,
1/2 s. N.
Sa grand'mère : Paméla, P. S. A.
Le Pin : 1898. — Réformé le 17 décembre 1900 après la monte.

QUIBON, 1/2 s. N.
Approuvé : M. de Panthou (Calvados), 1898-1899 ;
M. Lepileur (Manche), 1900.
B. 1894. — France.
Par *Carnavalet*, 1/2 s. N., ou *Archibald*, 1/2 s. N.
et *Civette*, 1/2 s. N., par Fitz-Qui-Vive, 1/2 s. N.
Saint-Lô : depuis 1898.

QUIBON, ex-**QUOLIBET**, 1/2 s. N. — H. N.
B. 1894. — Calvados.
Par *Galba*, 1/2 s. N., et *Mina*, 1/2 N., par Hardy, 1/2 s. N.
Sa grand'mère : par Marignan, 1/2 s. N.
Saint-Lô : depuis 1898.

QUIBUS. — H. N.
Al. 1894. — Orne.
Par *Fuschia*, 1/2 s. N., et *Soubrette*, 1/2 s. N., par Vichnou.
P. S. A.
Sa grand'mère : par Séducteur, 1/2 s. N.
Le Pin : depuis 1898.

QUICK-SILVER, ex-**QUIMPER**, 1/2 s. N. — H. N.
Bb. 1894. — Calvados.
Par *Lucifer*, 1/2 s. N., et *N.*, 1/2 s. N., par Tigris, 1/2 s. N.
Sa grand'mère : par Irlandais, 1/2 s. N.
Saint-Lô : 1898. — Réformé le 17 décembre 1900
après la monte.

QUICKLY, 1/2 s. N.
Approuvé : M. Lepileur (Manche).
B. 1894. — France.
Par *Kronstadt*, 1/2 s. N,, et *Charmante*, 1/2 s. N., par Espadem,
1/2 s. N.
Saint-Lô : 1898. — Réformé. — Castré après la monte de 1899.

QUICONQUE, 1/2 s. N. (approuvé).
M. Lallouet.
Al. 1894. — France.
Par *Levrault*, 1/2 s. N., et Reynolds, 1/2 s. N.
Le Pin : depuis 1899.
En 1900, a fait la monte dans les Ardennes.

QUID, ex-**QUIRITE**. — H. N.
Bb. 1894. — Orne.
Par *James Watt*, 1/2 s. N., et *Minerve*, 1/2 s. N.,
par Serpolet-Bai, 1/2 s. N.
Sa grand'mère : par Élu, 1/2 s. N.
Le Pin : depuis 1898.

QUIDAM. — H. N.
B. 1894. — Orne.
Par *James-Watt*, 1/2 s. N., et *Ella*, 1/2 s. N.,
par Quiclet, 1/2 s. N.
Sa grand'mère : par Séducteur, 1/2 s. N.
Le Pin : depuis 1898.

QUI-DONC? ex-**QUINQUINA**. — H. N.
B. 1894. — Calvados.
Par *Sans-Souci*, 1/2 s. N., et *Destinée*, 1/2 s. N.
par Noville, 1/2 s. N.
Sa grand'mère : Rébecca, 1/2 s. N.
Saint-Lô : depuis 1898.

QUEVILLY, ex-**DARTAGNAN**. — H. N.
Aub. 1894. — Manche.
Par *Lacryma-Christi*, 1/2 s. N., et *Frondeuse*, 1/2 s. N.,
par Nickel, P. S. A.
Sa grand'mère : par Idoménée, 1/2 s. N.
Saint-Lô : 1898. — Réformé le 5 août 1899. — Castré.

QUIGNON. — H. N.
B. 1894. — Manche.
Par *Fred-Archer*, 1/2 s. N., et *Comète*, 1/2 s. N.,
par Tempête, 1/2 s. N.
Sa grand'mère : par Vandermulin, P. S. A.
Le Pin : 1898. -- Réformé le 9 août 1898 et castré.

QUILBOQUET. — H. N.
Bb. 1894. — Manche.
Par *Frondeur*, 1/2 s. N., et *Orpheline*, 1/2 s. N.,
par Seigneur II, P. S. A.
Sa grand'mère : par Great-Master, 1/2 s. A.
Saint-Lô : depuis 1898.

QU'IL-EST-VAILLANT, ex-**QUIRITES**. — H. N.
B. 1894. — Orne.
Par *Phaéton* ou *Cherbourg*, 1/2 s. N., et *Damoiselle*, ex-*Madame II*,
P. S. A., par Mousquetaire, P. S. A.
Saint-Lô : depuis 1898.

QUILOA. — H. N.
Al. 1894. — Orne.
Par *James-Watt*, 1/2 s. N., et *Camélia*, 1/2 s. N.,
par Beaugé, 1/2 s. N.
Sa grand'mère : par Quiclet, 1/2 s. N.
Saint-Lô : depuis 1898.

QU'IL-VA, ex-**QUITUS**. — H. N.
Bb. 1894. — Calvados.
Par *Cherbourg*, 1/2 s. N., et *Girouette*, 1/2 s. N.,
par Baptiste-Lemore, 1/2 s. N.
Sa grand'mère : par Président, 1/2 s. N.
Le Pin : 1898. — Réformé le 4 août 1900 après la monte.

QU'IL-Y-AILLE. — H. N.
B. 1894. — Orne.

Par *Lobau*, 1/2 s. N., et *Mandarine*, 1/2 s. N., par Edimbourg,
1/2 s. N.
Sa grand'mère : par Séducteur, 1/2 s. N.
Saint-Lô : depuis 1898.

QUINCAMPOIX, ex-QUINE. — H. N.
N. 1894. — Calvados.

Par *Hercule-Normand*, 1/2 s. N., et *Aspasie*, 1/2 s. N.,
par Sir-Quid-Pigtail, P. S. A.
Sa grand'mère : par Buci, 1/2 s. N.
Saint-Lô : 1898. — Réformé le 6 août 1898 et castré.

QUINET. — H. N.
Bb. 1894.—Orne.

Par *Qu'y-Met-On ?* 1/2 s. N., et *Camélia*, 1/2 s. N.. par Quiclet,
1/2 s. N.
Sa grand'mère : par Hannon, 1/2 s. N.
Saint-Lô : 1898. — Réformé le 17 décembre 1900 après la monte.

QUINIUM. — H. N.
B. 1894. — Manche.

Par *Knox*, 1/2 s. N., et *Cocote*, 1/2 s. N., par Henry, 1/2 s. N.
Sa grand'mère : par Socrate (approuvé)
Saint-Lô : 1898. — Mort le 9 avril 1898.

QUINOXE. — H. N.
Al. 1894. — Orne.

Par *Iambe*, 1/2 s. N., et *Pimpante*, 1/2 s. N., par Sublime,
1/2 s. N.
Sa grand'mère : par Arétin ou Lansborn, 1/2 s. N.
Saint-Lô : depuis 1898.

QUINQUINA. — H. N.
B. 1894. — Nièvre.

Par *Jaguar*, 1/2 s. N., et *Veuve-Clicquot* (1/2 s., née dans la Nièvre),
par Cherbourg, 1/2 s. N.
Sa grand'mère : Champagne, 1/2 s., par Lavater, 1/2 s. N.
Le Pin : 1898. — Réformé le 7 août 1901.

QUINTAL. — H. N.
B. 1894. — Sarthe.
Par *Cherbourg*, 1/2 s. N., et *Favorite*, 1/2 s. N., par Phaéton
1/2 s. N.
Sa grand'mère : par Quiclet, 1/2 s. N.
Le Pin : depuis 1898.

QUINTAL.
Accepté : 1897; approuvé : 1898. — M. Auteck (Orne).
N. 1891. — Normandie.
Par *Phaéton*, 1/2 s. N.. et *Tulipe*, fille d'Eclipse, 1/2 s. N.
Le Pin : depuis 1897.

QUINTEUX, ex-**QUIBUS**. — H. N.
Bb. 1894. — Calvados.
Par *Qui-Vive ?* 1/2 s. N. (approuvé), et *Kyrielle*, 1/2 s. N.,
par Etendard, 1/2 s. N., ou Acquila, 1/2 s. N.
Sa grand'mère : par Normand, 1/2 s. N.
Saint-Lô : depuis 1898.

QUINZE, ex-**QUILOA**. — H. N.
B. 1894. — Manche.
Par *Reynolds*, 1/2 s. N., et *Importante*, 1/2 s. N., par Fred-Archer
1/2 s. N.
Sa grand'mère : Réussite, P. S. A.
Saint-Lô : 1898. — Réformé le 17 décembre 1900
après la monte.

QUI-PERD-GAGNE. — H. N.
N. 1894. — Calvados.
Par *Juvigny*, 1/2 s. N., et *Joyeuse*, 1/2 s. N., par Réussi, P. S. A.
Sa grand'mère : par Noville, 1/2 s. N.
Saint-Lô : depuis 1898.

QUI-PROQUO. — H. N.
Bb. 1894. — Calvados.
Par *Diplomate*, 1/2 s. N., et *Rapide*, 1/2 s. N., par Lord, 1/2 s. N.
Sa grand'mère : par Léotard, 1/2 s. N.
Saint-Lô : depuis 1898.

QUIRETTE. — H. N.
Bb. 1894. — Calvados.
Par *Hexamètre*, 1/2 s. N., et *Petiote*, 1/2 s. N., par Sabinus,
1/2 s. N. (approuvé).
Saint-Lô : depuis 1898.

QUIRINAL II, ex-**QUIRINAL**. — H. N.
B. 1894. — Orne.
Par *Phaéton*, 1/2 s. N., et *Impérieuse*, 1/2 s. N., par Cherbourg,
1/2 s. N.
Sa grand'mère : par Kilomètre, 1/2 s. N.
Le Pin : 1898. — Réformé le 17 décembre 1900
après la monte.

QUIRITA, ex-**QUOLIBET**. — H. N.
B. 1894. — Calvados.
Par *Luron*, 1/2 s. N., et *Fringante*, 1/2 s N., par Galant 1er,
1/2 s. N.
Sa grand'mère : par Siméon, 1/2 s. N.
Le Pin : 1898. — Passé au service de l'Ecole le 17 avril 1898.

QUIRITE. — H. N.
Al. 1894. — Manche.
Par *Jouteur*, 1/2 s. N., et *Mouvette*, 1/2 s. N., par Vitrier,
1/2 s. N. (approuvé).
Saint-Lô : depuis 1898.

QUISSAC. — H. N.
Bb. 1894 — Calvados.
Par *Diplomate*, 1/2 s. N., et *Mignonne*, 1/2 s. N.,
par Phare, 1/2 s. N.
Sa grand'mère : par Cicéron, 1/2 s. N.
'Saint-Lô : depuis 1898.

QUI-SAIT ? ex-**QUERCY**. — H. N.
B. 1894. — Orne.
Par *Cherbourg*, 1/2 s. N., et *Farandole*, 1/2 s. N.,
par Phaéton, 1/2 s. N.
Sa grand'mère : par Conquérant, 1/2 s. N.
Saint-Lô : depuis 1898.

QUISTENIE. — H. N.
N. 1894. — Orne.
Par *Kriss*, 1/2 s. N., et *Somnambule*, P. S. A., par Zut
Sa grand'mère : Suzette, P. S. A., par Le Sarrazin.
Saint-Lô : depuis 1898.

QUITO. — H. N.
B. 1894. — Orne.
Par *Nabucho*, 1/2 s. N., et *Hémistiche*, 1/2 s. N.,
par Edimbourg.
Sa grand'mère : par Parthénon.
Le Pin : 1898. — Réformé le 4 août 1900 après la monte.

QUITRI, 1/2 s. N.
Approuvé. — M. Girard Magloire (Manche).
B. 1894. — France.
Par *Connétable*, 1/2 s. N., et *N.*, par Quotient, 1/2 s. N.
Saint-Lô : depuis 1898.

QUITRI.
Approuvé. — M. Lepileur (Manche).
Bb. 1894. — France.
Par *Frondeur*, 1/2 s. N., et *Lisa*, par Utrecht, 1/2 s. N.
Saint-Lô : depuis 1898.

QUI-VA-LA. — H. N.
B. 1894. — Calvados.
Par *Galba*, 1/2 s. N., et *Korrigane*, 1/2 s. N.,
par Cherbourg, 1/2 s. N.
Sa grand'mère : Bérénice, 1/2 s. N., par Kilomètre, 1/2 s. N.,
et Fortuna, P. S. A.
Le Pin : 1898. — Réformé le 7 août 1901 après la monte.

QUI-VEUT-ON. — H. N.
Al. 1894. — Orne.
Par *Kiffis*, 1/2 s. N., et *Magistère*, 1/2 s. N., par Havas, 1/2 s. N.
Sa grand'mère : par Barrabas, 1/2 s. N.
Saint-Lô : depuis 1898.

QUI-VIVE ! (approuvé). — M. Le Comte, 1891 ; M. Lemonnier.
Bb. 1887. — Sarthe.
Par *Tigris*, 1/2 s. N., et *Suzon*, par Phaëton, 1/2 s. N.
Sa grand'mère : Lisette, par Séducteur, 1/2 s. N.
Sa bisaïeule : par Jéricko, 1/2 s. N.
Sa trisaïeule : N., 1/2 s. N., par Paradox, P. S. A.
Sa quadrisaïeule : Fragile, par Y. Topper, 1/2 s. A.
Le Pin : 1891. — Vendu en 1896.

QUI-VIVE III (approuvé). — M. Guillerme.
B. 1894. — France.
Par *Harley*, 1/2 s. N., et *Télémaque*, 1/2 s. N.
Saint-Lô : depuis 1899.

QUOIQUE, ex-QUOLIBET. — H. N.
B. 1894. — Calvados.
Par *Jouffroy*, 1/2 s. N., et *Sirène*, 1/2 s. N., par Rigolo, 1/2 s. N.
Sa grand'mère : par Conquérant, 1/2 s. N.
Saint-Lô : 1898. — Réformé le 8 août 1900 après la monte.

QUOJA. — H. N.
B. 1894. — Manche.
Par *Ministère*, P. S. A., et *Isigny*, 1/2 s. N.,
par Valentino, 1/2 s. N.
Sa grand'mère : par Rostrum, 1/2 s. N.
Saint-Lô : depuis 1898.

QUORUM. — H. N.
Al. 1894. — Orne.
Par *James-Watt*, 1/2 s. N., et *Imprudente*, 1/2 s. N.,
par Beaugé, 1/2 s. N.
Sa grand'mère : Voltigeuse, 1/2 s. N., par Parthénon ou Gall,
1/2 s. N.
Saint-Lô : depuis 1898.

QUODIDIEN, ex-QUOLIBET. — H. N.
B. 1894. — Orne.
Par *Cherbourg*, 1/2 s. N., et *La Fontaine*, 1/2 s. N.,
par Niger, 1/2 s. N.
Sa grand'mère : par Trouville, P. S. A.
Le Pin : depuis 1898.

QUOTIENT. — H. N.
B. 1894. — Manche.
Par *Intérim*, 1/2 s. N. (approuvé), et *Coquette*, 1/2 s. N.,
par Tibère, 1/2 s. N.
Sa grand'mère : par Edgard, 1/2 s. N,
Saint-Lô : depuis 1898.

QU'Y-MET-ON ? — H. N.
N. 1887. — Sarthe.
Par *Edimbourg*, 1/2 s. N., et *Lycopode*, par Phaéton, 1/2 s. N.
Sa grand'mère : Jeune-Élisa, par Kapirat, 1/2 s. N.
Sa bisaïeule : Élisa, 1/2 s. N., par Corsair, 1/2 s. A.
Sa trisaïeule : Élise, 1/2 s. N., par Marcellus, P. S. A.
Sa quadrisaïeule : La Panachée, 1/2 s. N., par D.-I.-O., P. S. A.
5e degré : La Belle-Matador, par Matador, 1/2 s. N.
6e degré : Fille-de-Somerset, P. S. A.
Le Pin : 1891. — Réformé le 16 décembre 1898 et castré.

RABELAIS. — H. N.
Al. 1895. — Calvados.
Par *Juvigny*, 1/2 s. N., et *Kama*, 1/2 s. N., par Beaugé, 1/2 s. N.
Sa grand'mère : par Parthénon, 1/2 s. N.
Le Pin : depuis 1899.

RACLEUR. — H. N.

Al. 1895. — Sarthe.

Par *Fuschia*, 1/2 s. N., et *Ecolière*, 1/2 s. N., par Phaéton.

Sa grand'mère : par Gall.

Le Pin : depuis 1900.

RADAMA, — H. N.

B. 1895. — Manche.

Par *Harley*, 1/2 s. N., et *Ecausseville*, 1/2 s. N., par Carnavalet,
1/2 s. N.

Sa grand'mère : par Lavater, 1/2 s. N., et une fille de Vandermulin,
P. S. A.

Saint-Lô : depuis 1899.

RADON. — H. N.

B. 1895. — Orne.

Par *James-Watt*, 1/2 s. N,, et *Norma*, 1/2 s. N., p. Iambe,
1/2 s. N.

Sa grand'mère : par Centaure, 1/2 s. N.

Saint-Lô : 1899. — Réformé le 9 décembre 1899. — Castré.

RADZIWILL. — H. N.

Al. 1895. — Orne.

Par *Juvigny*, 1/2 s. N., et *Gavotte*, 1/2 s. N., par Edimbourg,
1/2 s. N.

Sa grand'mère : par Phaéton, 1/2 s. N.

Le Pin : depuis 1899.

RAIMBAUD (approuvé).

M. Le Marchand.

B. 1895. — France.

Par *Lance-à-Mort* et *Fred-Archer* ou *Lavater*.

Saint-Lô : depuis 1899.

RAMAZAN, ex-**RABELAIS** (approuvé).

M. Blondel, 1878 ; M. Dudouit, 1882 ; M. Guillerme, 1885.

Ro. 1873. — Normandie.

Par *Clear-the-Way*, 1/2 s. A., et une fille de Plutus, P. S. A.

Saint-Lô : 1878. — Réformé en 1898.

RAMEAU. — H. N.
Al. 1895. — Sarthe.
Par *Iambe*, 1/2 s. N., et *Nerveuse*, 1/2 s. N., par Edimbourg
1/2 s. N.
Sa grand'mère : Corysandre, par Elu, 1/2 s. N.
Saint-Lô : depuis 1899.

RANCOUR. — H. N.
B. 1895. — Orne.
Par *Fuschia*, 1/2 s. N., et *Giselle*, 1/2 s. N., par Phaéton, 1/2 s. N.
Sa grand'mère : par Quiclet, 1/2 s. N.
Le Pin : depuis 1899.

RANGEZ-VOUS. — H. N.
B. 1895. — Orne.
Par *Cherbourg*, 1/2 s. N., et *Ellora*, 1/2 s. N., par Phaéton,
1/2 s. N.
Sa grand'mère : par Elu, 1/2 s. N.
Le Pin : depuis 1899.

RAPHAËL, ex-RIGODON. — H. N.
Al. 1895. — Orne.
Par *Jurigny*, 1/2 s. N., et *Néva*, 1/2 s. N., par Iambe
ou Edimbourg, 1/2 s. N.
Sa grand'mère : Héloïse, ex-Olga, par Phaéton, 1/2 s. N.
Le Pin : 1899. — Réformé le 22 avril 1901 après la monte.

RAPIDE-ÉCLAIR (approuvé).
M. Aug. Lereculey.
B. 1895. — France.
Par *Gérardmer*, 1/2 s. N., et *Elu*, 1/2 s. N.
Saint-Lô : depuis 1899.

RASSASIÉ. — H. N.
N. 1895. — Manche.
Par *Koli*, 1/2 s. N., et *Floride*, 1/2 s. N. par Canut, 1/2 s. N.
Sa grand'mère : par Schamyl, 1/2 s. L., et un fils de Kabin,
1/2 s. N.
Saint-Lô : 1899. — Réformé le 8 août 1900 après la monte.

RATAPOIL. — H. N.
N. 1895. — Calvados.
Par *Homard*, 1/2 s. N., et *Ida*, 1/2 s. N., par Galba, 1/2 s. N.
Sa grand'mère : par Mazeppa, 1/2 s. N.
Le Pin : 1899. — Réformé le 4 août 1900 après la monte.

RAVISSANT. — H. N.
B. 1895. — Manche.
Par *Cordon-Bleu*, P. S. A., et *Rosette*, 1/2 s. N., par Newton,
1/2 s. N.
Sa grand'mère : par Agenda, 1/2 s. N.
Saint-Lô : depuis 1899.

REBEC. — H. N.
Al. 1895. — Manche.
Par *Fontenay*, 1/2 s. N., et *Ministère*, 1/2 s. N., par Ministère,
P. S. A.
Sa grand'mère : par Ugolin, 1/2 s. N., et une fille de Ravissant,
1/2 s. N.
Saint-Lô : depuis 1899.

REBOUL. — H. N.
N. 1895. — Orne.
Par *James-Watt*, 1/2 s. N., et *Javotte*, 1/2 s. N., par Tempête,
1/2 s. N
Sa grand'mère : par Qui-Vive, 1/2 s. N.
Saint-Lô : depuis 1899.

RÉBUS. — H. N.
B. 1895. — Seine-Inférieure.
Par *Cherbourg*, 1/2 s. N., et *Jonquille II*, 1/2 s. N., par Étudiant,
1/2 s. N.
Sa grand'mère : par Phaéton, 1/2 s. N.
Le Pin : depuis 1899.

REDOUTARLE, ex-**RAYON-D'OR**. — H. N.
B. 1895. — Calvados.
Par *Frondeur*, 1/2 s. N., ou *Labrador*, 1/2 s. N., et *Nacelle*,
1/2 s. N., par Phare, 1/2 s. N.
Sa grand'mère : par Astyanax, 1/2 s. N.
Saint-Lô : 1899. — Réformé le 8 août 1900 après la monte.

RÉGAL, 1/2 s. N. (autorisé). — M. Gallot (Eugène).
B. 1895. — France.
Par *Maxico*, 1/2 s., et fille de Noville.
Le Pin : 1899. — S. R. depuis.

RÉGENT, 1/2 s. N. (approuvé). — M. J. Richard.
B. 1895. — France.
Par *Qui-Vive*, et *Impétueuse*, par Valencourt.
Saint-Lô : 1899. — S. R. depuis.

RÉMI. — H. N.

B. 1895. — Manche.

Par *Hallali*, 1/2 s. N., et *J'Arrive*, 1/2 s. N., par Shamrock,
1/2 s. A.

Sa grand'mère : par Quasi, 1/2 s. N., et une fille d'Élu, 1/2 s. N.

Saint-Lô : depuis 1899.

REMILLY. — H. N.

B. 1895. — Manche.

Par *Liverpool*, 1/2 s. N, et *Lisa*, 1/2 s. N., par Phare, 1/2 s. N.

Sa grand'mère : par Impérial, 1/2 s. N.

Saint-Lô : 1899. — Mort le 20 novembre 1899.

REMPART. — H. N.

B. 1895. — Calvados.

Par *Tigris*, 1/2 s. N., et *Lionne*, 1/? s. N., par Acquila, 1/2 s. N.

Sa grand'mère : par Conquérant, 1/2 s. N.

Saint-Lô : depuis 1899.

RÉMULUS (approuvé), 1/2 s. N. — M. Forcinal (Aimable).

N. 1895. — France.

Par *Kalmia* (approuvé), et une fille de Phaéton.

Le Pin : depuis 1900.

RÉMUS. — H. N.

Al. 1895. — Orne.

Par *Nabucho*, 1/2 s. N., et *Naïade*, 1/2 s., par Havas, 1/2 s. N.

Sa grand'mère : par Élu, 1/2 s. N.

Le Pin : depuis 1899.

RENÉGAT. — H. N.

N. 1895. — Calvados.

Par *Jemmapes*, 1/2 s. N., et *Hirondelle*, 1/2 s. N., par Unorthodox,
1/2 s. N.

Sa grand'mère : Lœtitia, par Lavater, 1/2 s. N.

Saint-Lô : 1899. — Mort le 4 août 1899.

RENFORT. — H. N.

Al. 1895. — Orne.

Par *Lobau*, 1/2 s. N., et *Cantatrice*, 1/2 s. N., par Élu, 1/2 s. N.

Sa grand'mère : par Séducteur, 1/2 s. N.

Le Pin : depuis 1899.

RENNE. -- H. N.
B. 1895. — Manche.
Par *Mancini*, 1/2 s. N., et *Sultane*, 1/2 s. N., par Trajan, 1/2 s. N.
Sa grand'mère : par Avignon, 1/2 s. N., et une fille de Vice-président,
1/2 s. N.
Saint-Lô : depuis 1899.

RÉSÉDA (approuvé). — M. Olry.
Al. 1895. — France.
Par *Fuschia*, 1/2 s. N., et *Camelia*, 1/2 s. N.
Le Pin : depuis 1900.

RÉSÉDA. — H. N.
Bb. 1895. — Orne.
Par *Fuschia*, 1/2 s. N., et *Jeanne-Hachette*, 1/2 s. N., par Phaéton,
1/2 s. N.
Sa grand'mère : par Marx, 1/2 s. R. (approuvé).
Le Pin : depuis 1899.

RÉSOLU. — H. N.
B. 1895. — Orne.
Par *Juvigny*, 1/2 s. N., et *Keey*, 1/2 s. N., par Beaugé, 1/2 s. N.
Sa grand'mère : par Quielet, 1/2 s. N.
Saint-Lô : depuis 1899.

RESPLENDISSANT. — H. N.
Bb. 1895. — Manche.
Par *Madar*, 1/2 s. N., et *Charmante*, 1/2 s. N., par Espadon,
1/2 s. N.
Sa grand'mère : par Vanikoro, 1/2 s. N., et une fille de Quitri,
1/2 s. N.
Saint-Lô : depuis 1899.

RESSAC, 1/2 s. N. (approuvé).
M. de Panthou ; Mme Ve Morcel, à Caen (Calvados).
B. 1895. — France.
Par *Ministère* et *Habéo*.
Saint-Lô : depuis 1899.

RÉSULTAT. -- H. N.
B. 1895. — Orne.
Par *Cherbourg*, 1/2 s. N., et *Printanière*, 1/2 s. N., par Vermouth,
P. S. A.
Sa grand'mère : par Fitz-Pantaloon, P. S. A.
Saint-Lô : depuis 1899.

REUX. — H. N.
Ro. 1895. — Calvados.
Par *Fuschia*, 1/2 s. N., et *Jenny*, 1/2 s. N., par Tigris, 1/2 s. N.
Sa grand'mère : par Normand, 1/2 s. N., et une fille de Conquérant,
1/2 s.N.
Le Pin : depuis 1899.

RÉVEILLON. — H. N. (approuvé)
B. 1895. — Orne.
Par *Zut*, P. S. A., et *Minerve*, 1/2 s. N., par Gaulois, 1/2 s. N.
Sa grand'mère : par Centaure, 1/2 s. N.
Saint-Lô : depuis 1899.

RÉVEILLON, 1/2 s. N.
M. Marie Léon, à Caen (Calvados).
B. 1895. — France.
Par *Lance-à-Mort* et *Upas*.
Saint-Lô : depuis 1901.

RÉVEIL-MATIN. — H. N.
B. 1895. — Manche.
Par *Jolibois*, 1/2 s. N., et *Caroline*, 1/2 s. N., par J'y-Songerai,
1/2 s. N.
Sa grand'mère : par Divus, 1/2 s. N.
Saint-Lô : depuis 1899.

RÉVÉREND. — H. N.
N. 1895. — Orne.
Par *Kiffis*, 1/2 s. N., et *Marie-Jeanne*, par Echo, 1/2 s. N.
Sa grand'mère : par Niger, 1/2 s. N.
Le Pin : depuis 1899.

RÊVEUR. — H. N.
N. 1895. — Calvados.
Par *Fontenay*, 1/2 s. N., et *Gambade*, 1/2 s. N., par Utilis,
1/2 s. N.
Sa grand'mère : par Affidavit, P. S. A.
Saint-Lô : depuis 1899.

RÉVIGNY. — H. N.
N. 1895. — Calvados.
Par *Cherbourg*, 1/2 s. N., et *Girouette*, 1/2 s. N.,
par Baptiste-Lemore, 1/2 s. N.
Sa grand'mère : par Président, 1/2 s. N.
Le Pin : 1899. — Mort le 24 octobre 1900.

REYE, 1/2 s. N. (autorisé). — M. Cauvin-Yvose.
B. 1895. — France.
Par *Livet* et une fille de Normand ou Noville.
Le Pin : 1899. — S. R. depuis cette époque.

RHUM. — H. N.
Bb. 1895. — Manche.
Par *Intrépide*, 1/2 s. N., et *Bijou*, 1/2 s. N., par Attrayant. 1/2 s. N.
Sa grand'mère : par *Egésippe*, 1/2 s. N., et une fille de Volcan,
1/2 s. N.
Saint-Lô : depuis 1899.

RICHARD. — H. N.
B. 1895. — Manche.
Par *Héron*, 1/2 s. N. (approuvé), et *Rapide*, 1/2 s. N.,
par Ulysse, 1/2 s. N.,
Sa grand'mère : par Institut, 1/2 s. N.
Saint-Lô : depuis 1899.

RICHE-EN-GOULE. — H. N.
B. 1895. — Manche.
Par *Levraut*, 1/2 s. N., et *Gaselle*, 1/2 s. N., par Lavater,
1/2 s. N.
Sa grand'mère : par Ugolin, 1/2 s. N.
Sa bisaïeule : par The Heir-of-Linne, p. s. A.
Saint-Lô : depuis 1899.

RICQUEBOURG. — H. N.
B. 1895. — Orne.
Par *Phaéton*, 1/2 s. N., et *Orpheline*, 1/2 s. N., par Orfila, 1/2 s. N.
Sa grand'mère : par Orphée, 1/2 s. N.
Saint-Ly : 1899. — Réformé 8 août 1900 après la monte.

RIEN-A-DIRE, ex-**ROGER-BONTEMPS**. — H. N.
N. 1895. — Manche.
Par *Kramouski*, 1/2 s. N., et *Lisette*, 1/2 s. N., par Matinal,
1/2 s. N. (Approuvé).
Saint-Lô : 1899. — Réformé le 9 décembre 1899. — Castré.

RIGA. — H. N.
N. 1895. — Orne.
Par *James-Watt*, 1/2 s. N., et *Mirabelle*, 1/2 s. N.,
par Edimbourg.
Sa grand'mère : Belle-de-Nuit, par Niger et Centaure.
Saint-Lô : depuis 1900.

RIGODON, 1/2 s. N. (approuvé).
M. Richard-Paul.
Bb. 1895. — France.
Par *Kaïn* et *Fille-de-Quickly*.
Saint-Lô : depuis 1899.

RIGOLETTO. — H. N.
B. 1895. — Orne.
Par *Phaéton*, 1/2 s. N., et *Formose*, 1/2 s. N., par Ulrich II,
1/2 s. N.
Sa grand'mère : par Agenda, 1/2 s. N.
Saint-Lô : depuis 1899.

RIGOLO (approuvé). — M. Femel (Seine-Inférieure).
B. 1885. — Normandie.
Par *Serviteur* (approuvé), 1/2 s. N., et une fille de Y. Quick-Silver,
1/2 s. A.
Le Pin : depuis 1889. — S. R. en 1901.

RINCEAU. — H. N.
B. 1895. — Manche.
Par *Jolibois*, 1/2 s. N., et *Litt-Lea*, par Hippomène, 1/2 s. N.
Sa grand'mère : par Kilomètre, 1/2 s. N.
Saint-Lô : 1899. — Réformé le 8 août 1900 après la monte.

RIP, 1/2 s. N. (approuvé)
M. Voisin, à Sainte-Marie-outre-l'Eau (Calvados).
Bb. 1895. — France.
Par *Mahomet* et *Phaéton*.
Saint-Lô : depuis 1899.

RIP. — H. N.
Al. 1895. — Eure.
Par *Galba*, 1/2 s. N., et *Fatma*, 1/2 s. N., par Baptiste-Lemore,
1/2 s. N.
Sa grand'mère : par Koping, 1/2 s. N.
Saint-Lô : depuis 1899.

RIPOLLIN. — H. N.
Bb. 1895. — Calvados.
Par *Lucifer*, 1/2 s. N., et *Espérance*, 1/2 s. N., par Tamberlick,
P. S. A.
Sa grand'mère : par Porthos, 1/2 s. N.
Saint-Lô : depuis 1899.

RIS-TOUJOURS. — H. N.
B. 1895. — Manche.
Par *Mahé*, 1/2 s. N., et *Blanc-Pied*, 1/2 s. N., par Vol-au-Vent,
1/2 s. N.
Saint-Lô : depuis 1899.

ROBERT-LE-DIABLE, 1 2 s. N. (approuvé).
M. Clerc (Léon).
N. 1895. — France.
Par *James-Watt* et *Grisette*, par Uriel.
Le Pin : depuis 1900.

ROBERT-LE-DIABLE, ex-**ROCAMBOLE**. — H. N.
N. 1895. — Orne.
Par *James-Watt*, 1/2 s. N., et *Minerve*, 1/2 s. N., par Edimbourg,
1/2 s. N.
Sa grand'mère : Fleur-de-Neige, par Quietet, 1/2 s. N.
Le Pin : 1899-1900.
Offert en 1901 au roi d'Italie comme reproducteur.

ROBERT-LE-FORT, ex-**ROMULUS**. — H. N.
Al. 1895. — Orne.
Par *Nabucho*, 1/2 s. N., et *La Torpille*, par Jadis. 1/2 s. N.
Sa grand'mère : La Tourbière, P. S. A., par Optimist.
Le Pin : depuis 1899.

ROBESPIERRE. — H. N.
B. 1895. — Manche.
Par *Farnèse*, 1/2 s. N., et *La Petite*, 1/2 s. N., par Utrecht,
1/2 s. N.
Sa grand'mère : par Luther, 1/2 s. N. (approuvé).
Saint-Lô : 1899. — Réformé le 8 août 1900 après la monte.

ROBUSTE (approuvé). — M. Macé (Manche).
B. 1870. — Manche.
Par *Graffé*, 1/2 s. N., et *Fidèle*, par Foulques, 1/2 s.
Sa grand'mère : Mignonne, 1/2 s. N., par Sonnant, P. S. A.
Saint-Lô : depuis 1883.
En 1899 a fait la monte dans le Nord. — S. R. en 1901.

ROCAMBOLE II, ex-**ROCAMBOLE**. — H. N.
Bb. 1896. — Sarthe.
Par *Jurigny*, 1/2 s. N., et *Lutine*, 1/2 s. N., par Serpolet-Bai.
Sa grand'mère : Belle-Garde, par Kaping ou Abrantès et Général.
Le Pin : depuis 1900.

ROCHAMBEAU. — H. N.
B. 1895. — Manche.
Par *Harley*, 1/2 s. N., et *Tricoteuse*, 1/2 s. N., par Tempête,
1/2 s. N.
Sa grand'mère : par Ugolin, 1/2 s. N.
Sa bisaïeule : par Lothaire, 1/2 s. N. (approuvé
Saint-Lô : depuis 1899.

ROCREU. — H. N.
B. 1895. — Orne.
Par *Cherbourg*, 1/2 s. N., et *Ma Cousine*, 1/2 s. N., par Kaolin,
1/2 s. N.
Sa grand'mère : par Libérator, 1/2 s. A.
Saint-Lô : depuis 1899.

ROGER. — H. N.
B. 1895. — Manche.
Par *Harley*, 1/2 s. N., et *Lisa*, 1/2 s. N., par Sénéchal, 1/2 s. N.
Sa grand'mère : par Mirliton, 1/2 s. N., et une fille de Bravo,
P. S. A.
Saint-Lô : 1899-1900.
Offert en 1901 au Roi d'Italie comme reproducteur.

ROI-DE-CŒUR, ex-REMUANT. — H. N.
B. 1895. — Manche.
Par *Mahomet*, 1/2 s. N., et *Espérance*, 1/2 s. N. par Carnavalet,
1/2 s. N.
Sa grand'mère : par Quid-Juris, 1/2 s. N., et une fille de Lionceau,
1/2 s. N.
Le Pin : depuis 1899.

ROI-NÈGRE. — H. N.
N. 1895. — Calvados.
Par *Kachemir*, 1/2 s. N., et *Jeanne-de-Nivelle*, 1/2 s. N.,
par Baptiste-le-More, 1/2 s. N.
Sa grand'mère : par Liberator, 1/2 s. A.
Saint-Lô : depuis 1899.

ROITELET (approuvé). — M. Lallouet.
B. 1895. — France.
Par *Cherbourg*, 1/2 s. N., et *Dora*, par Niger, 1/2 s. N.
Le Pin : depuis 1899.

ROLAND. — H. N.
Al. 1895. — Orne.
Par *Juvigny*, 1/2 s. N., et *Mélisse*, 1/2 s. N., par Cicéron II ou
Edimbourg, 1/2 s. N.
Sa grand'mère : par Gaulois, 1/2 s. N.
Le Pin : depuis 1899.

ROLLON, ex-**RÉSÉDA**. — H. N.
Al. 1895. — Orne.
Par *Juvigny*, 1/2 s. N., et *La France*, 1/2 s. N., par Edimbourg,
1/2 s. N.
Sa grand'mère : Gérance, par Phaéton, 1/2 s. N.
Le Pin : depuis 1899.

ROMAIN, 1/2 s. N. (approuvé). — M. Lepileur (François).
Bb. 1895. — France.
Par *Fumet* et *Baptiste-Le-More*.
Saint-Lô : depuis 1899.

ROMANO. — H. N.
Al. 1895. — Calvados.
Par *Himalaya*, 1/2 s. N., et *Eclatante*, 1/2 s. N., par Niger,
1/2 s. N.
Sa grand'mère : par Hick, 1/2 s. N.
Le Pin : depuis 1899.

ROMARIN. — H. N.
B. 1895. — Orne.
Par *Galba*, 1/2 s. N., et *Nancy*, 1/2 s. N., par Cherbourg,
1/2 s. N.
Sa grand'mère : par Niger, 1/2 s. N.
Saint-Lô : depuis 1899.

ROMÉO. — H. N.
Al. 1895. — Orne.
Par *Iambe*, 1/2 s. N., et *Cornélie*, 1/2 s. N., par Usquebac,
1/2 s. N.
Sa grand'mère : par Quiclet, 1/2 s. N.
Le Pin : depuis 1899.

ROMÉO, 1/2 s. N. (approuvé). — M. Macé (Alexandre).
B. 1895. — France.
Par *Kurde* et *Dacapo*.
Saint-Lô : depuis 1899.

ROMINAGROBIS, ex-**RASEUR**. — H. N.
B. 1895. — Orne.
Par *Kiffis*, 1/2 s. N., et *La Pituche*, 1/2 s. N.,
par Ventre-Saint-Gris, P. S. A.
Sa grand'mère : La Cordonnière.
Le Pin : depuis 1899.

ROMULUS. — H. N.
B. 1895. — Calvados.
Par *Martial*, 1/2 s. N., et *Clair-de-Lune*, 1/2 s. N., par Galba,
1/2 s. N.
Sa grand'mère : par Tigris, 1/2 s. N.
Saint-Lô : depuis 1899.

RONDIT. — H. N.
Bb. 1895. — Manche.
Par *Mamertin*, 1/2 s. N., et *Charmante*, 1/2 s. N., par Diplomate,
1/2 s. N. (approuvé).
Sa grand'mère : par Florestan, 1/2 s. N.
Saint-Lô : 1899. — Réformé le 8 août 1900 après la monte.

ROQUELAURE. — H. N.
B. 1895. — Calvados.
Par *Martial*, 1/2 s. N., et *Basquine*, 1/2 s. N., par Palm, 1/2 s. N.
Sa grand'mère : par Mazeppa, 1/2 s. N.
Le Pin : depuis 1899.

ROQUELAURE II, ex-**ROQUELAURE**. — H. N.
Al. 1895. — Calvados.
Par *Fuschia*, 1/2 s. N., et *Royal-Normande*, par Normand.
Sa grand'mère : Jeanneton, P. S.
Le Pin : depuis 1900.

ROSCOFF, 1/2 s. N. (approuvé)
M. du Rozier, à Bayeux (Calvados).
N. 1895. — France.
Par *Harley* et *Lavater*.
Saint-Lô : depuis 1901.

ROSEAU. — H. N.
B. 1895. — Manche.
Par *Dacapo*, 1/2 s. N., et *Volante*, 1/2 s. N., par Lodi, 1/2 s. N.
Sa grand'mère : par Macouba, 1/2 s. N., et une fille d'Eminent,
1/2 s. N.
Le Pin : 1899. — Réformé le 7 août 1901 après la monte.

ROSEMONT. — H. N.

B. 1895. — Manche.

Par *Longeville*, 1/2 s. N., et *Norma*, 1/2 s. N., par Bravo, P. S. A.
Sa grand'mère : par Forcy, 1/2 s. N.

Saint-Lô : depuis 1899.

ROSIER. — H. N.

B. 1895. — Manche.

Par *Kronstadt*, 1/2 s. N., et *Lisette*, 1/2 s. N., par Ecueil, 1/2 s. N.
Sa grand'mère : par Lucullus, 1/2 s. N.

Saint-Lô : depuis 1899.

ROSMEUR. — H. N.

B. 1895. — Calvados.

Par *Harley*, 1/2 s. N., et *Fricole*., 1/2 s. N, par Templier,
1/2 s. N.
Sa grand'mère : par Léotard, 1/2 s. N.

Saint-Lô : depuis 1899.

ROSNY. — H. N.

Al. 1895. — Orne.

Par *Nabucho*. 1/2 s. N., et *Neigeuse*, 1/2 s. N., par Echo, 1/2 s. N.
Sa grand'mère : par Barrabas, 1/2 s. N.

Le Pin : depuis 1899.

ROSNY 1/2 s. N. (autorisé). — M. Olry, Alençon (Orne).

Al. 1895. — France.

Par *Fuschia* et *Phaëton*.

Le Pin : depuis 1900.

ROSPERDEN. — H. N.

N. 1895. — Calvados.

Par *Qui-Vive*, 1/2 s. N. (approuvé), et *Bank-Note*, 1/2 s. N.,
par Normand, 1/2 s. N.
Sa grand'mère : par Pretty-Boy, P. S. A.

Le Pin : depuis 1899.

ROSSINI. — H. N.

B. 1895. — Orne.

Par *James-Wat*, 1/2 s. N., et *Giselle*. 1/2 s. N., par Edimbourg.
Sa grand'mère : Judith, par Taconnet.

Le Pin : depuis 1900.

ROSTHENEUF. — H. N.
B. 1895. — Manche.
Par *Fontenay*, 1/2 s. N., et *Mika*, 1/2 s. N., par Géranium,
1/2 s. N. (approuvé).
Sa grand'mère : par Agnadel, 1/2 s. N.
Saint-Lô : depuis 1899.

ROSTRUM. — H. N.
B. 1895. — Manche.
Par *Mahé*, 1/2 s. N., et *Camélia*, 1/2 s. N., par Frondeur, 1/2 s. N.
Sa grand'mère : par Régnard, 1/2 s. N., et une fille de Séduisant,
1/2 s. N.
Saint-Lô : depuis 1899.

ROUBLE, ex-**RÉMUS**. — H. N.
B. 1895. — Calvados.
Par *Malaga*, 1/2 s. N., et *Pallas*, 1/2 s. N., par Phare, 1/2 s. N.
Sa grand'mère : par Ribaud, 1/2 s. N., et une fille d'Historien.
Saint-Lô : 1899. — Réformé le 8 août 1900 après la monte.

ROUGES-TERRES. — N. N.
Al. 1895. — Orne.
Par *Fuschia*, 1/2 s. N., et *Perce-Neige*, P. S., par Cymbal
et Mademoiselle-de-Fontenay.
Le Pin : depuis 1900.

ROULE. — H. N.
N . 1895. — Manche.
Par *Lilas*, 1/2 s. N., et *Quality*, 1/2 s. N., par Quality, 1/2 s. N.
Sa grand'mère : par Ignoré, 1/2 s. N., et une fillle de Pater,
1/2 s. N.
Saint-Lô : 1899. — Réformé le 9 décembre 1899. — Castré.

ROUSTAN (approuvé). — M. Barbé.
Al. 1885. — France.
Par *Santine*, 1/2 s. N., et *Coquette*, par Roustan, 1/2 s. N
Sa grand'mère : Cocotte, par Faucon, 1/2 s. N.
Saint-Lô : depuis 1890.

ROUTIER. — H. N.
Bb. 1895. — Manche.
Par *Mont-Cenis*, 1/2 s. N., et *Négro*, 1/2 s. N., par Bataillon, 1/2 s. N.
Sa grand'mère : par *Schamyl*, 1/2 s. N., et une fille de Kabin,
1/2 s. N.
Saint-Lô : en 1899.
Parti au dépôt d'Hennebont le 13 décembre 1899.

ROY-D'YVETOT. — H. N.
N. 1895. — Seine-Inférieure.
Par *Cherbourg*, 1/2 s. N., et *Ketty*, 1/2 s. N., par Upas
ou Hippomène, 1/2 s. N.
Sa grand'mère : par Noville, 1/2 s. N.
Saint-Lô : 1899. — Mort le 24 mai 1899.

RUBI. 1/2 s. Char. - H. N.
B. 1895. — Charente-Inférieure.
Par *Mercure*, 1/2 s. N., et *Calotte*, 1/2 s., Char., par Rébus,
1/2 s. N.
Sa grand'mère : fille de Quibbler, 1/2 s. N.
Saint-Lô : depuis 1899.

RUBICON. — H. N.
Bb. 1895. — Manche.
Par *Knox*, 1/2 s. N., et *Deauville*, 1/2 s. N., par Igor, 1/2 s. N.
Sa grand'mère : par Tronville, 1/2 s. N., et une fille de The Nemrod,
1/2 s. A.
Saint-Lô : 1899. — Réformé le 8 août 1900 après la monte.

RUSSIFER. — H. N.
N. 1895. — Calvados.
Par *Lucifer*, 1/2 s. N., et *Kermesse*, 1/2 s. N., par Apis, 1/2 s. N.
Sa grand'mère : par Oriental, 1/2 s. N.
Saint-Lô : 1899. — Réformé le 17 décembre 1900 après la monte.

RUTEUR. — H. N.
Bb. 1895. — Manche.
Par *Harley*, 1/2 s. N., et *Brunette*, 1/2 s. N., par Lavater, 1/2 s. N.
Sa grand'mère : par The Heir-of-Linne, P. S. A., et une fille d'Ursin,
1/2 s. N.
Saint-Lô : depuis 1899.

SAINT-AUBIN. — H. N.
B. 1896. — Orne.
Par *Nabucho*, 1/2 s. N., et *Semiramis*, 1/2 s. N., par Hannon.
Sa grand'mère : par Elu.
Saint-Lô : depuis 1900.

SAINT-FRUSQUIN. — H. N.
B. 1896. — Manche.
Par *Neuilly*, 1/2 s. N., et *Gazelle*, 1/2 s. N., par Lavater.
Sa grand'mère : par Ugolin et The Heir-of-Linne, P. S. A.
Le Pin : depuis 1901.

SAINT-LÉGER. — H. N.
B. 1896. — Orne.
Par *Juvigny*, 1/2 s. N., et *Mandarine*, 1/2 s. N., par Édimbourg.
Sa grand'mère : Soubrette, par Vichnou, P. S., et Séducteur.
Le Pin : 1900. — Réformé le 4 août 1900 après la monte.

SAINT-LO. — H. N.
Al. 1896. — Manche.
Par *Marcelet*, 1/2 s. N., et *Levrette*, 1/2 s. N., par Reynolds.
Sa grand'mère : par Lavater et Augustine, P. S.
Saint-Lô : depuis 1901.

SAINT-MÉLAINE. — H. N.
B. 1886. — Calvados.
Par *Valencourt*, 1/2 s. N., et une fille de Noville, 1/2 s. N.,
ou Normand, 1/2 s. N.
Saint-Lô : 1890. — Réformé le 8 août 1900 après la monte.

SAINT-RIGOMER. — H. N.
B. 1874. — Sarthe.
Par *Gall*, 1/2 s. N., et *Fatiney*, par Tipple-Cider, P. S. A.
Sa grand'mère : par Eylau, P. S. A.-A.
Le Pin : 1878. — Réformé le 22 août 1896.

SAINT-REMY, — H. N.
B. 1896. — Orne.
Par *Cherbourg*, 1/2 s. N., et *Hypothèse*, 1/2 s. N., par Tigris.
Sa grand'mère : par Conquérant.
Saint-Lô : depuis 1900.

SALOMON. — H. N.
B. 1895. — Calvados.
Par *Michigan*, 1/2 s. N., et *Cocote*, 1/2 s. N., par Conquérant,
1/2 s. N.
Sa grand'mère : par Jéricko, 1/2 s. N.
Saint-Lô : depuis 1899.

SALVATOR. — H. N.
B. 1896. — Orne.
Par *Juvigny*, 1/2 s. N., et *Joyeuse*, 1/2 s. N., par Edimbourg.
Sa grand'mère : Bluette, par Usquebac et Abrantès.
Le Pin : depuis 1900.

SAN-FRANCISCO. — H. N.
Bb. z. 1896. — Manche.
Par *Reynolds*, 1/2 s. N., et *Kiesmy*, 1/2 s. N., par Domino-Noir.
Sa grand'mère : par Conquérant.
Saint-Lô : depuis 1900.

SANS-PEUR. — H. N.
Bb. 1896. — Manche.
Par *Malaga*, 1/2 s. N., et *Lucie*, 1/2 s. N., par Agnadel.
Sa grand'mère : par Paladin, P. S., et Talleyrand.
Saint-Lô : 1900. — Réformé le 7 août 1901 après la monte.

SANS-SOUCI (approuvé). — 1/2 s. N. — M. Richard (Auguste).
B. 1896. — France.
Par *Ministère*, P. S., et *Idoménée*.
Saint-Lô : depuis 1900.

SANS-SOUCI. — H. N.
N. 1889. — Sarthe.
Par *Tigris*, 1/2 s. N., et *Ethel-Maries*, P. S. A.
Le Pin : 1893. — Réformé le 9 août 1898 et castré.

SANS-TERRE. — H. N.
Bb. 1896. — Manche.
Par *Malaga*, 1/2 s. N., et *Normande*, 1/2 s. N., par Fred-Archer.
Sa grand'mère : par Aristocrate et Agenda.
Saint-Lô : depuis 1900.

SANTERRE (accepté). — M. F. Roupnel.
Al. 1893. — Manche.
Par *Santerre*, 1/2 s. N., et *Mignonne*, 1/2 s. N.
Saint-Lô : 1897. — Présenté en vue de la monte de 1899
pour la dernière fois. — S. R. depuis cette époque.

SANTO-PIÉTRO (approuvé). — 1/2 s. N.
M. Josseaume, à La Lande-d'Airou (Manche).
Al. 1896. — France.
Par *Nerveux* et *Hearty*.
Saint-Lô : depuis 1900.

SAPAJOU, ex-**SAUVE-QUI-PEUT**. — H. N.
B. 1896. — Sarthe.
Par *Jambe*, 1/2 s. N., et *Thérésa*, 1/2 s. N., par Usquebac.
Le Pin : depuis 1900.

SATELLITE. — H. N.
Bb. 1896. — Oise.
Par *Fuschia*, 1/2 s. N., et *Ile-de-France*, 1/2 s. N., par Phaéton.
Sa grand'mère : par Noville.
Le Pin : depuis 1900.

SATIN-NOIR. — H. N.
N. 1896. — Manche.
Par *Herley*, 1/2 s. N., et *Ninon-de-l'Enclos*, 1/2 s. N.,
par Fontenay?
Sa grand'mère : Prudente (p. s.), par le Petit-Caporal et Prude.
Saint-Lô : depuis 1901.

SATYRE, ex-**SANSONNET**. — H. N.
N. 1896. — Orne.
Par *Kiffis*, 1/2 s. N., et *Olympe*, 1/2 s. N., par Krakatoa, P. S.
Sa grand'mère : par Valdempierre.
Saint-Lô : depuis 1900.

SAULE. — H. N.
B. 1896. — Manche.
Par *Dacapo*, 1/2 s. N., et *Orpheline*, 1/2 s. N., par Gasparin.
Sa grand'mère : par Siroc.
Saint-Lô : depuis 1900.

SAUMON. — H. N.
N. 1896. — Orne.
Par *Hercule-Normand*, 1/2 s. N., et *Nébuleuse*, 1/2 s. N.,
par Cherbourg.
Sa grand'mère : Hédic, par Hun et Inkermann.
Le Pin : depuis 1900.

SAUTEUR. — H. N.
B. 1896. — Manche.
Par *Farnèse*, 1/2 s. N., et *Blanc-Pied*, 1/2 s. N., par Vautrain.
Sa grand'mère : par Guelfe.
Saint-Lô : depuis 1900.

SAUVEUR. — H. N.
N. 1896. — Orne.
Par *Edimbourg*, 1/2 s. N., et *Thérèse*, 1/2 s. N., par Dictateur.
Sa grand'mère : par Niger.
Saint-Lô : depuis 1900.

SAVOYARD. — H. N.
Al. 1896. — Calvados.
Par *Gérardmer*, 1/2 s. N., et *Argences*, 1/2 s. N., par Elu.
Sa grand'mère : par Nécy ou Irlandais.
Saint-Lô : depuis 1900.

SAXIFRAGE. — H. N.
B. 1896. — Orne.
Par *Fuschia*, 1/2 s. N., et *Kaoline*, 1/2 s. N., par Beaugé.
Sa grand'mère : par Héliotrope.
Saint-Lô : depuis 1900.

SAXON. — H. N.
B. 1896. — Calvados.
Par *Lisieux*, 1/2 s. N., et *Rosette*, 1/2 s. N., par Adjudant.
Sa grand'mère : par Josaphat.
Saint-Lô : depuis 1900.

SCAPIN. — H. N.
B. 1896. — Calvados.
Par *Jean-de-Nivelle*, 1/2 s. N., et *Fleurette*, 1/2 s. N.,
par Ulbach.
Sa grand-mère : par Fleuron.
Saint-Lô : 1900. — Réformé le 17 décembre 1900 après la monte.

SCARRON. — H. N.
N. 1896. — Calvados.
Par *Galba*, 1/2 s. N., et *Tire-Lire*, 1/2 s. N., par Noville.
Sa grand'mère : par Brocardo, P. S.
Saint-Lô : 1900. — Réformé le 7 août 1901 après la monte.

SCINTILLANT, ex-**SÉDUISANT**. — H. N.
N. 1896. — Sarthe.
Par *Juvigny*, 1/2 s. N., et *Kaoline*, 1/2 s. N., par Cicéron II.
Sa grand-mère : Belle-Charlotte, par Phaëton et Abrantès.
Saint-Lô : depuis 1900.

SÉBASTOPOL. — H. N.
B. 1896. — Orne.
Par *Cherbourg*, 1/2 s. N., et *Moskova*, 1/2 s. N., par Fuschia.
Sa grand'mère : par Serpolet-Bai.
Le Pin : depuis 1900.

SÉBÉCOURT. — H. N.

B. 1896. — Orne.
Par *Cherbourg*, 1/2 s. N., et *Etoile-Filante*, 1/2 s. N., par Niger.
Sa grand'mère : par Inkermann.
Saint-Lô : depuis 1900.

SECTAIRE. — H. N.

B. 1896. — Calvados.
Par *Michigan*, 1/2 s. N., et *Brinda*, 1/2 s. N., par Coq-à-l'Ane.
Sa grand'mère : par Norfolk-Trotter.
Saint-Lô : depuis 1900.

SÉCULAIRE. — H. N.

Al. 1896. — Manche.
Par *Fontenoy*, 1/2 s. N., et *Marquise*, 1/2 s. N., par Saint-Cloud.
Sa grand'mère : par Quasi et Elu (approuvé.)
Saint-Lô : depuis 1900.

SÉDUISANT. — H. N.

B. 1896. — Manche.
Par *Ministère*, P. S., et *Poulette*, 1/2 s. N., par Follet.
Sa grand'mère : par Bravo, P. S., et Rivoli.
Saint-Lô : depuis 1900.

SEEZ. — H. N.

B. 1896. — Orne.
Par *Cherbourg*, 1/2 s. N., et *Printanière*, 1/2 s. N., par Vermouth,
P. S.
Sa grand'mère : par Fitz-Pantaloon, P. S.
Le Pin : 1900. — Réformé le 7 août 1901 après la monte.

SEIGNEUR. — H. N.

B. 1896. — Manche.
Par *Malaga*, 1/2 s. N., et *Orpheline*, 1/2 s. N., par Orphée.
Sa grand'mère : par Quid-Juris, Navigateur, Tamberlick, P. S.,
et Gaberlazie.
Saint-Lô : depuis 1900.

SEIGNEUR-NOIR. — H. N.

N. 1896. — Manche.
Par *Harley*, 1/2 s. N., et *Javotte*, 1/2 s. N., par Lavater.
Sa grand'mère : par Garibaldi.
Le Pin : depuis 1901.

SELECT. — H. N.
B. 1896. — Manche.
Par *Nerveux*, 1/2 s. N., et *Frédégonde*, 1/2 s. N., par Bataillon.
Sa grand'mère, par Divus et Lagopède.
Saint-Lô : depuis 1900.

SÉLIM. — H. N.
N. 1896. — Orne.
Par *Edimbourg*, 1/2 s. N., et *Conférence*, 1/2 s. N., par Usquebac.
Sa grand'mère : par Noteur.
Saint-Lô : depuis 1900.

SENAILLAC. — H. N.
Al. 1896. — Orne.
Par *Moonlighter* (approuvé), 1/2 s. N., et *Gavotte*, 1/2 s. N.,
par Edimbourg.
Sa grand'mère : Euridice, par Phaéton.
Le Pin : depuis 1900.

SENLIS, 1/2 s. N. (approuvé). — M. Olry, à Alençon (Orne).
B. 1896. — France.
Par *Fuschia* et *Camelia*, par Sir Quid-Pigtail ou Barrabas.
Le Pin : depuis 1901.

SEPTIDI. — H. N.
B. 1896. — Orne.
Par *Cherbourg*, 1/2 s. N., et *Glorieuse*, 1/2 s. N., par Séducteur.
Sa grand'mère : par Extase.
Le Pin : depuis 1900.

SÉRIEUX. — H. N.
N. 1896. — Manche.
Par *Nouveau-Monde*, 1/2 s. N., et *Sidonie*, 1/2 s. N.,
par Dominant.
Sa grand'mère : par Regret (approuvé).
Saint-Lô : 1900. — Réformé le 16 décembre 1901 après la monte.

SERGE (approuvé), 1/2 s. N. — M. Trochon.
Al. 1896. — France.
Par *Jouvenceau* et *Arrhat*, P. S.
Saint-Lô : depuis 1900.

SERPENT. — H. N.
B. 1896. — Manche.
Par *Follet*, 1/2 s. N., et *Rapide*, 1/2 s. N., par Éclipse (approuvé).
Sa grand'mère, par Sanguin.
Saint-Lô : depuis 1900.

SERPOLET. — H. N.
N. 1896. — Calvados.
Par *Lucifer*, 1/2 s. N., et *Olga*, 1/2 s. N., par Jemmapes ou James.
Sa grand'mère : Coquette.
Saint-Lô : depuis 1900.

SERVITEUR. — H. N.
B. 1896. — Orne.
Par *Juvigny*, 1/2 s. N., et *Minerve*, 1/2 s. N., par Édimbourg.
Sa grand'mère : Escapade, par Quiclet et Koping.
Le Pin : depuis 1900.

SHEFFIELD. — H. N.
Al. 1896. — Manche.
par *Dominant*, 1/2 s. N., et *Norvège*, 1/2 s. N.
Saint-Lô : 1900. — Réformé le 17 décembre 1900 après la monte.

SIAM (approuvé), 1/2 s. N. — M. Couetil.
B. 1896. — France.
Par *Laiton* et *Ujiji*.
Saint-Lô : depuis 1900. — S. R. en 1901.

SICAMBRE, ex-**SATIN**. — H. N.
B. marron foncé 1896. — Manche.
Par *Mahé*, 1/2 s. N., et *Royale*, 1/2 s. N., par Fournichon.
Sa grand'mère : par Ignoré et Pater, par Lagopède.
Saint-Lô : depuis 1900.

SIDNEY. — H. N.
N. 1896. — Orne.
Par *Cherbourg*, 1/2 s. N., et *Étoile*, 1/2 s. N., par Phaéton.
Sa grand'mère : par Utrecht.
Saint-Lô : depuis 1900.

SIGEAN (approuvé), 1/2 s. N. — M. Lebel (Louis).
B. 1896. — France.
Par *Joinville II* et *Kymris*.
Saint-Lô : depuis 1900.

SIGNOR. — H. N.

Bb. 1896. — Orne.

Par *Cherbourg*, 1/2 s. N., et *Kina*, 1/2 s. N., par Elan.

Sa grand'mère : par Phaéton.

Le Pin : depuis 1900.

SIMART. — H. N.

B. 1896. — Orne.

Par *Cherbourg*, 1/2 s. N., et *Kadéja*, 1/2 s. N., par Elan.

Sa grand'mère : par Phaéton.

Saint-Lô : depuis 1900.

SIMÉON. — H. N.

B. 1896. — Calvados.

Par *Luron*, 1/2 s. N., et *Volante*, 1/2 s. N., par Tudieu.

Sa grand'mère : par Quine (approuvé).

Le Pin : depuis 1900.

SINCÉRITY. — H. N.

B. 1896. — Manche.

Par *Colporteur*, 1/2 s. N., et *Sans-Tache*, 1/2 s. N., par Gibraltar.

Sa grand'mère : par Quasi.

Saint-Lô : depuis 1900.

SIROP. — H. N.

B. 1896. — Manche.

Par *Domino-Noir*, 1/2 s. N., et *Plaisante*, 1/2 s. N., par Santerre.

Sa grand'mère : par Roustan (approuvé) et Faucon.

Saint-Lô : 1900. — Réformé le 7 août 1901 après la monte.

SIZO-FIN. — H. N.

B. 1896. — Calvados.

Par *Mr-de-Fontaine-Henry*, 1/2 s. N., et *Espérance*, 1/2 s. N.,
par Leotard.

Sa grand'mère : par Jean-Bart et Sanche.

Saint-Lô : depuis 1900.

SMART, ex-**SÉES**. — H. N.

B. 1896. — Orne.

Par *Jambe*, 1/2 s. N., et *Cornélie*, 1/2 s. N., par Usquebac.

Sa grand'mère : par Quiclet.

Le Pin : depuis 1900.

SMERDIS. — H. N.
Al. 1896. — Calvados.
Par *Kamtchatka*, 1/2 s. N., et *Reblot*, 1/2 s. N., par Héritier.
Sa grand'mère : par Noyau.
Saint-Lô : depuis 1900.

SMITH. — H. N.
Bb. 1896. — Manche.
Par *Excelsior*, 1/2 s. N., et *Bergère*, 1/2 s. N., par Macouba.
Sa grand'mère : par Hunter.
Le Pin : depuis 1900.

SOBIESKI (approuvé), 1/2 s. N. — M. Donzel (Paul).
B. 1896. — France.
Par *Levraut* et *Ministère*, P. S.
Saint-Lô : depuis 1900. — S. R. en 1901.

SOCIABLE, ex-**SOLFÉRINO**. — H. N.
B. 1896. — Orne.
Par *Cherbourg*, 1/2 s. N., et *Visitandine*, 1/2 s N.,
par Affidavit, P. S.
Sa grand'mère : par Centaure.
Saint-Lô : 1900. — Réformé le 7 août 1901 après la monte.

SOCIÉTAIRE. — H. N.
N. 1896. — Manche.
Par *Harley*, 1/2 s. N., et *La Zélée*, 1/2 s. N., par Ugolin.
Sa grand'mère : La Zélée, P. S., par Allez-y-Gaiement
et Démonstration.
Saint-Lô : depuis 1900.

SOCRATE (approuvé). — M. Lesénécal, 1878 ; M. Pierre 1886.
B. 1874. — Orne.
Par *Trouville*, P. S. A., et une 1/2 s. N., par Pretender, 1/2 s. A.
Sa grand'mère : par Utrecht, 1/2 s. N.
Saint-Lô : 1878. — Non présenté en 1898. — S. R. depuis.

SOLDAT. — H. N.
N. 1896. — Calvados.
Par *Jemmapes*, 1/2 s. N., et *Kadischah*, 1/2 s. N. par Kaolin, P. S.
Sa grand'mère : par Ovide.
Saint-Lô : depuis 1900.

SOLFÉRINO. — H. N.
B. 1896. — Orne.
Par *Levraut*, 1/2 s. N., et *Impétueuse*, 1/2 s. N., par Cherbourg.
Sa grand'mère : par Kilomètre.
Saint-Lô : depuis 1900.

SOLITAIRE. — H. N.
B. 1896. — Orne.
Par *James-Watt*, 1/2 s. N., et *Coranthine*, 1/2 s . N., par Quiclet.
Sa grand'mère : Cora, par Inkermann et Montaigne.
Saint-Lô : depuis 1900.

SOLO (approuvé), 1/2 s. N. — M. de Saint-Alary.
Bb. 1896. — France.
Par *James-Watt* et une fille de *Serpolet-Bai*.
Le Pin : depuis 1900.

SOLON. — H. N.
B. 1896. — Manche.
Par *Harley*, 1/2 s. N., et *Aurore*, 1/2 s. N., par Lavater.
Sa grand'mère : par The Heir-of-Linne, P. S., et Kapirat.
Le Pin : 1900. — Mort le 7 septembre 1900 après la monte.

SONNET. — H. N.
N. 1896. — Manche.
Par *Colporteur*, 1/2 s. N., et *Coquette*, 1/2 s. N., par Ignoré.
Sa grand'mère : par Pater et Lagopède.
Saint-Lô : depuis 1900.

SORCIER. — H. N.
B. 1896. — Orne.
Par *Cherbourg*, 1/2 s. N., et *Sibylle*, P. S.,
par Farfadet et Sparkle.
Le Pin : depuis 1900.

SOSIGÈNE (approuvé), 1/2 s. N. — M. Lepileur.
B. 1896. — Manche.
Par *Nemours* et *Farnèse*.
Saint-Lô : depuis 1900.

SOT-L'Y-LAISSE. — H. N.
B. 1896. — Manche.
Par *Message*, 1/2 s. N., et *Rapide*, 1/2 s. N., par Courtomer.
Sa grand'mère : par Sénechal et Mirliton, par Bravo.
Saint-Lô : depuis 1900.

— 153 —

SOUCI. — H. N.

B. 1896. — Orne.

Par *Cherbourg*, 1/2 s. N., et *Ma-Cousine*, 1/2 s. N., par Kaolin, P. S.
Sa grand'mère : par Liberator.
Le Pin : depuis 1900.

SOUKARAS. — H. N.

B. 1896. — Orne.

Par *Hercule-Normand*, 1/2 s. N., et *Janthine*, 1/2 s. N.,
par Baugé.
Sa grand'mère : Espérance, par Abrantès et Destin.
Saint-Lô : 1900. — Réformé le 7 août 1901 après la monte.

SOUPIREUR, ex-**SOUTHAMPTON**. — H. N.

B. 1896. — Manche.

Par *Malaga*, 1/2 s. N., et *Lutine*, 1/2 s. N., par Colporteur.
Sa grand'mère : par Lavater et The Heir-of-Linne, P. S.
Le Pin : depuis 1900.

SOUS-BOIS, ex-**SALADIN**. — H. N.

B. 1896. — Manche.

Par *Ministère*, P. S., et *Coquette*, 1/2 s., par Spectre.
Sa grand'mère : par El Ghôr, P. S. Ar., et Agenda, Victorieux.
Saint-Lô : depuis 1900.

SOUS-L'ORME, ex-**SALADIN**. — H. N.

N. 1896. — Orne.

Par *Kélat*, 1/2 s. N., et *Rosette*, 1/2 s. N., par Saint-Rigomer.
Sa grand'mère : par Vicomte et Idalis.
Saint-Lô : 1900. — Réformé le 7 août 1901 après la monte.

SOUVENEZ-VOUS, ex-**SOLIDE**. — H. N.

B. 1896. — Manche.

Par *Follet*, 1/2 s. N., et *Barbotte*, 1/2 s. N., par Usellas.
Le Pin : depuis 1900.

SOUVENIR. — H. N.

B. 1896. — Orne.

Par *Fuschia*, 1/2 s. N., et *Prudente*, 1/2 s. N., par Carnaval.
Sa grand'mère : par Trouville.
Le Pin : depuis 1900.

SOUVERAIN. — H. N.
Bb. 1896. — Manche.
Par *Kito*, 1/2 s. N., et *Castille*, 1/2 s. N., par Utrecht.
Sa grand'mère : par Paladin, P. S., et Beaumanoir (approuvé).
Saint-Lô : depuis 1900.

SOYEUX, ex-SOLIDE. — H. N.
B. 1896. — Manche.
Par *Lilas*, 1/2 s. N., et *Nancy*, 1/2 s. N., par Habéo.
Sa grand'mère : par Usuel et Teinturier.
Saint-Lô : 1900. — Réformé le 7 août 1901 après la monte.

SPADASSIN, ex-SOLIMAN. — H. N.
Al. 1896. — Orne.
Par *James-Watt*, 1/2 s. N., et *Miss-Cherbourg*, 1/2 s. N.,
par Cherbourg.
Sa grand'mère : Jessie, par Vichnou, P. S., et Phaéton.
Le Pin : depuis 1900.

SPAHI, ex-SOLON. — H. N.
B. 1896. — Manche.
Par *Kronstadt*, 1/2 s. N., et *Nomade*, 1/2 s. N., par Bataillon.
Sa grand'mère : par Domino-Noir.
Saint-Lô : depuis 1900.

SPARAXIS. — H. N.
B. 1896. — Orne.
Par *Krakatoa*, P. S., et *Rosamonde*, 1/2 s. N., par Quiclet.
Sa grand'mère : par Fitz-Pantaloon, P. S.
Saint-Lô : depuis 1900.

STETTIN. — H. N.
B. 1896. — Manche.
Par *Kurde*, 1/2 s. N., et *Cour-a-Prée*, 1/2 s. N., par Dacapo.
Sa grand'mère : par Lodi,
Saint-Lô : 1900. — Réformé le 17 décembre 1900 après la monte.

STEUBEN. — H. N.
Al. 1896. — Manche.
Par *Mahé*, 1/2 s. N., et *La Pelote*, 1/2 s. N., par Café.
Sa grand'mère : par Villiers et Lothaire (approuvé).
Saint-Lô : depuis 1900.

— 155 —

STOP (approuvé), 1/2 s. N. — M. Lereculey.
Bb. 1896. — France.
Par *Kamtchatka* et *Décret*.
Saint-Lô : depuis 1900.

STORS. — H. N.
N. 1896. — Orne.
Par *James-Watt*, 1/2 s. N., et *Palmyre*, 1/2 s. N., par Jadis.
Sa grand'mère : Lisette, par Urimesnil et Buci.
Saint-Lô : depuis 1900.

STRASBOURG. — H. N.
B. 1896. — Orne.
Par *Cherbourg*, 1/2 s. N., et *Formosa*, 1/2 s. N., par Niger.
Sa grand'mère : par Gaulois.
Saint-Lô : depuis 1900.

STROGOFF, 1/2 s. N. (approuvé).
M. Lenoir, Avranches (Manche).
Al. 1896. — France.
Par *Hérode* et *Shamrock*.
Saint-Lô : depuis 1901.

STUART. — H. N.
B. 1896. — Orne.
Par *Juvigny*, 1/2 s. N., et *Nomade*, 1/2 s. N., par Fuschia.
Sa grand'mère : Fleurette, par Parthénon et Phaéton.
Saint-Lô : depuis 1900.

STYX, ex-**SANS-GÊNE**. — H. N.
Al. 1896. — Manche.
Par *Guerroyeur*, 1/2 s. N., et *Perdrix*, 1/2 s. N., par Harfleur.
Sa grand'mère : par Kapirat (approuvé) et Georget (approuvé).
Saint-Lô : depuis 1900.

SUARD. — H. N.
Al. 1896. — Manche.
Par *Ecarté*, 1/2 s. N., et *Brebis*, 1/2 s. N., par Truplu.
Sa grand'mère : par Quitri.
Le Pin : 1900. — Réformé le 7 août 1901 après la monte.

SUBSTITUT. — H. N.
B. 1896. — Manche.
Par *Kellermann*, 1/2 s. N., et *Cocote*, 1/2 s. N., par Hardinvast.
Sa grand'mère : par Orphée.
Saint-Lô : depuis 1900.

SULTAN. — H. N.
N. 1896. — Sarthe.
Par *Jurigny*, 1/2 s. N., et *Merise*, 1/2 s. N., par Boissy, P. S.
Sa grand'mère : Espérance, par Abrantès et Destin.
Saint-Lô : depuis 1900.

SUPERBE, ex-ARLEQUIN. — H. N.
B. 1896. — Orne.
Par *Iambe*, 1/2 s. N., et *Noiselle*, 1/2 s. N., par Cambronne.
Sa grand'mère : Trompeuse, par Parthénon et Hannon.
Saint-Lô : depuis 1900.

SUPPÉ. — H. N.
B. 1896. — Manche.
Par *Malaga*, 1/2 s. N., et *Triomphante*, 1/2 s. N., par Fontenay.
Sa grand'mère : par Y'.
Saint-Lô : depuis 1900.

SURDON. — H. N.
Bb. 1896. — Orne.
Par *Edimbourg*, 1/2 s. N., et *Odéide*, 1/2 s. N., par Ilote.
Sa grand'mère : par Quielet.
Saint-Lô : depuis 1900.

SURVEILLANT. — H. N.
B. 1896. — Manche.
Par *Dacapo*, 1/2 s. N., et *Soumise*, 1/2 s. N., par Hunald.
Sa grand'mère : par Félibien et Élu (approuvé).
Saint-Lô : 1900. — Réformé le 16 décembre 1901 après la monte.

SYSTÈME, 1/2 s. N. (approuvé). — M. Girouard (Victor).
B. 1896. — France.
Par *Nemours* et *Invariable*.
Saint-Lô : depuis 1900.

TABLEAU. — H. N.
N. 1897. — Manche.
Par *Malaga*, 1/2 s. N., et *Régime*, 1/2 s. N., par Lavater.
Sa grand'mère : Marguerite, P. S.
Saint-Lô : depuis 1901.

TAFFETAS-NOIR, ex-TROUVÈRE. — H. N.
Bb. 1897. — Orne.
Par *Juvigny*, 1/2 s. N., et *Nacelle*, 1/2 s. N., par Fuschia.
Sa grand'Mère : Jacinthe, par Phaéton et Niger.
Saint-Lô : depuis 1901.

TAILLEBOURG. — H. N.
Al. 1897. — Manche.
Par *Oudinot*, 1/2 s N., et *Martaine*, 1/2 s. N., par Sorcier.
Sa grand'mère : par Sénéchal et Volant.
Le Pin : depuis 1901.

TALISMAN. — H. N.
N. 1897. — Manche.
Par *Fontenay*, 1/2 s. N., et *Belle-de-Nuit*, 1/2 s. N., par Ribaud.
Sa grand'mère : par Gotha et Navigateur, Éditeur.
Saint-Lô : depuis 1901.

TALLION. — H. N.
B. 1897. — Manche.
Par *Laurier*, 1/2 s. N., et *Rosette*, 1/2 s. N., par Farnèse.
Sa grand'mère : par Quatre-Cents.
Saint-Lô : depuis 1901.

TALMA, ex-TYNDARE. — H. N.
B. 1897. — Manche.
Par *Kronstadt*, 1/2 s. N., et *Occitanie*, 1/2 s. N., par Ray-Grass.
Sa grand'mère : par Innocent, P. S., et Séducteur, Thésée.
Saint-Lô : depuis 1901.

TALMUD, ex-TAMBOUR-MAJOR. — H. N.
Bb. 1897. — Calvados.
Par *Edimbourg*, 1/2 s. N., et *Orientale*, 1/2 s. N., par Tigris.
Sa grand'mère : Coquette, par Rénémesnil.
Saint-Lô : depuis 1901.

TAMARIN. — H. N.
B. 1897. — Manche.
Par *Osborne*, 1/2 s. N., et *Belle-de-Nuit*, 1/2 s. N., par Bataillon·
Sa grand'mère : par Intact et Sir-Henry.
Saint-Lô : depuis 1901.

TAMBOUR, 1/2 s. N. (approuvé).
M. Lebeurrier, à Avranches (Manche).
Al. 1897. — France.
Par *Nogaro* et *Kamtchatka*.
Saint-Lô : depuis 1901.

TAMBOUR, ex-**NATIONAL**. — H. N.
B. 1897. — Calvados.
Par *Qui-Vive* (approuvé), 1/2 s. N., et *Bayadère*, 1/2 s. N.,
par Hippomène.
Sa grand'mère : Sylvia, par Conquérant.
Saint-Lô : 1901. — Réformé le 7 août 1901 après la monte.

TAMBOUR-BATTANT. — H. N.
B. 1897. — Manche.
Par *Levraut*, 1/2 s. N., et *Lavater*, 1/2 s. N., par Lavater.
Sa grand'mère : par Nanteuil.
Saint-Lô : depuis 1901.

TAMBOUR-DE-BASQUE, ex-**TÉNÉBREUX**. — H. N.
Ro. 1897. — Seine-Inférieure.
Par *Yacoub*, 1/2 s. N., et *Etincelle*, 1/2 s. N., par Drummond,
P. S. A.
Sa grand'mère : par Copenhagen ou Gall.
Le Pin : 1901. — Réformé le 7 août 1901 après la monte.

TAMERLAN. — H. N.
N. 1897. — Calvados.
Par *James-Watt*, 1/2 s. N., et *Pastille*, 1/2 s. N., par Qui-Vive
(approuvé).
Sa grand'mère : Walinda, par Normand et Noteur.
Le Pin : depuis 1901.

TANT-PIS. — H. N.
Bb. 1897. — Orne.
Par *Narcisse*, 1/2 s. N., et *Ondoyante*, 1/2 s. N., par Fuschia·
Sa grand'mère, par Parthénon.
Saint-Lô : depuis 1901.

TAPISSIER. — H. N.
B. 1897. -- Manche.
Par *Fontenay*, 1/2 s. N., et *Coquette*, 1/2 s. N., par Attila.
Sa grand'mère : par Newton et Pretty-Boy, P. S. A.
Le Pin : depuis 1901.

TARATATA — H. N.
Al. 1897. — Manche.
Par *Mahé*, 1/2 s. N., et *Kabyle*, 1/2 s. N., par Café.
Sa grand'mère : par l'Incroyable, P. S. A.
Saint-Lô : depuis 1901.

TAS. — H. N.
B. 1897. — Calvados.
Par *Orient*, 1/2 s. N., et *Petite*, 1/2 s. N., par Jolibois.
Sa grand'mère : par Lavater et The Heir-of-Linne, P. S. A.
Saint-Lô : depuis 1901.

TASMAN. — H. N.
B. 1897. — Orne.
Par *Novice*, 1/2 s. N., et *Gazelle*, 1/2 s. N., par Cambronne.
Sa grand'mère : par Elu.
Saint-Lô : depuis 1901.

TATILLON, ex-**TIC-TAC**. — H. N.
B. 1897. — Sarthe.
Par *Jambe*, 1/2 s. N., et *Paquerette*, 1/2 s. N., par Cicéron II.
Sa grand'mère : Libellule, par Phaéton et Camélia, P. S.
Saint-Lô : depuis 1901.

TAVERNY. — H. N.
Al. 1897. — Orne.
Par *Fuschia*, 1/2 s. N., et *Gambade*, 1/2 s. N., par Phaéton.
Sa grand'mère : par Eclipse,
Saint-Lô : depuis 1901.

TÉLÉGRAMME. — H. N.
B. 1897. — Manche.
Par *Germinal*, 1/2 s. N., et *Margot*, 1/2 s. N.
Le Pin : 1901. — Réformé le 7 août 1901 après la monte.

TÉLÉPHONE. — H. N.
B. 1897. — Orne.
Par *Nabab*, 1/2 s. N., et *Mimosa*, 1/2 s. N., par Juin.
Sa grand'mère : par Législateur.
Le Pin : depuis 1901.

TÉMÉRAIRE. — H. N.
B. 1897. — Manche.
Par *Ministère*, P. S. A., et *Bijou*, 1/2 s. N., par Betting.
Sa grand'mère : par Harmonieux et Volcan.
Saint-Lô : 1901. — Réformé le 16 décembre 1901 après la monte.

TEMPÊTE. — H. N.
B. 1897. — Orne.
Par *Narcisse*, 1/2 s. N., et *Parure*, 1/2 s. N.
Sa grand'mère, par Quiclel.
Le Pin : depuis 1901.

TERMINUS. — H. N.
Bb. 1897. — Manche.
Par *Harley*, 1/2 s. N., et *Ordonnance*, 1/2 s. N., par Reynolds.
Sa grand'mère : par Lavater et Gabier, P. S.,
Hussein, Ugolin, Electeur.
Saint-Lô : depuis 1901.

TERRIBLE, ex-TEMPÊTE. — H. N.
B. 1897. — Orne.
Par *Opulent*, 1/2 s. N., et *Black-Bess*, 1/2 s. N., par Alaric.
Sa grand'mère : par Hannon.
Saint-Lô : depuis 1901.

THABOR. — H. N.
B. 1897. — Orne.
Par *Nez*, 1/2 s. N., et *Narette*, 1/2 s. N., par Hearty.
Sa grand'mère : par Calament.
Saint-Lô : depuis 1901.

THÉ. — H. N.
Bb. 1897. — Orne.
Par *Nez*, 1/2 s. N., et *Flanelle*, 1/2 s. N., par Valdempierre.
Sa grand'mère : par Taconnet.
Saint-Lô : depuis 1901.

THERMIDOR. — H. N.
B. 1897. — Orne.
Par *James-Watt*, 1/2 s. N., et *Norma*, 1/2 s. N., par Iambe.
Sa grand'mère : Centaurine, par Centaure et Héliotrope.
Saint-Lô : depuis 1901.

THÉSÉE, ex-TABARIN. — H. N.
Al. 1897. — Calvados.
Par *Oranger*, 1/2 s. N., et *Thétis*, 1/2 s. N., par Tigris.
Sa grand'mère : Diva, par Normand.
Le Pin : 1901. — Réformé le 7 août 1901 après la monte.

TIBÈRE (approuvé).
MM. Lesénécal, 1879; Pierre, 1886.
Al. 1875. — Calvados.
Par *Égésippe*, 1/2 s. N., et une fille d'Ignoré, 1/2 s. N.
Sa grand'mère : par Karbout, 1/2 s. N.
Saint-Lô : 1879. — Vendu à l'étranger en 1894.

TIGRE, ex-TONNERRE. — H. N.
B. 1897. — Orne.
Par *Novice*, 1/2 s. N., et *Nice*, 1/2 s. N., par Hawas.
Sa grand'mère : par Parthénon.
Saint-Lô : 1901.

TIGRIS. — H. N.
Bb. 1875. — Manche.
Par *Lavater*, 1/2 s. N., et *Modestie*, 1/2 s. N., par The
Heir-of-Linne. P. S. A.
Sa grand'mère : fille d'Ugolin, 1/2 s. N.
Le Pin : 1879. — Réformé le 22 août 1896.

TISON (approuvé). — M. Leroy.
Bb. 1890. — Normandie.
Par *Alsacien*, 1/2 s. N., et N., par Quinte-Curce, 1/2 s. N.
Saint-Lô : depuis 1894.

TITE-LIVE, 1/2 s. N. (approuvé).—M. Fanet, à Caen (Calvados.
N. 1897. — France.
Par *Limier et Colporteur*.
Saint-Lô : depuis 1901.

TITI, 1/2 s. N. (approuvé).
M. Richard (Jean), à Avranches (Manche.)
Par *Oudinot et Torigny*.
Saint-Lô : depuis 1901.

11

TITUS. — H. N.

Bb. 1897. — Calvados.

Par *Edimbourg*, 1/2 s. N., et *Basquine*, 1/2 s. N., par Stade.

Sa grand'mère : par Ulbach.

Saint-Lô : depuis 1901.

TOBOLSK. — H. N.

B. 1897. — Manche.

Par *Labrador*, 1/2 s. N., et *Poulette*, 1/ s. N., par Fontainebleau.

Sa grand'mère : par Garde-à-Vous.

e Pin : depuis 1901.

TOMBOLA. — H. N.

B. 1897. — Orne.

Par *Offenbach*. 1/2 s. N., et *Citoyenne*, 1/2 s. N., par Oriental.

Sa grand'mère : par Wanderer.

Saint-Lô : depuis 1901.

TONDEUR, ex-**URSIN**. — H. N.

Bb. 1897. — Manche.

Par *Neptune*, 1/2 s. N., et *Oca*, 1/2 s. N., par Vif-Argent.

(Approuvé).

Sa grand'mère : par Dominant.

Saint-Lô : 1901. — Réformé le 16 décembre 1901 après la monte.

TORÉADOR. — H. N.

B. 1897. — Orne.

Par *Oscar*, 1/2 s. N., et *Mon-Espérance*, 1/2 s. N., par Cherbourg.

Sa grand'mère : par Courtois, P. S., ou Sir-Quid-Pigtail, P. S.

Saint-Lô : depuis 1901.

TORPILLEUR. — H. N.

B. 1897. — Calvados.

Par *Oranger*, 1/2 s. N., et *Joconde*, 1/2 s. N., par Tigris.

Sa grand'mère : Alerte, par Affidavit, P. S., et Conquérant.

Saint-Lô : depuis 1901.

TOUAREG. — H. N.

N. 1897. — Orne.

Par *Juvigny*, 1/2 s. N., et *Renommée*, 1/2 s. N., par Tigris.

Sa grand'mère : Inspiration, par Noville ou Quinala
et Royale-Topaze, P. S.

Saint-Lô : depuis 1901.

TOUCHEUR. ex-TETANOS. — H. N.

B. 1897. — Manche.

Par *Jolibois*, 1/2 s. N., et *Normande*, 1/2 s. N., par Utrecht.
Sa grand'mère : par Quickly et Kapirat.
Saint-Lô : depuis 1901.

TOUL. — H. N.

B. 1897. — Manche.

Par *Omnibus*, 1/2 s. N., et *Poupine*, 1/2 s. N., par Electre.
Sa grand'mère : par Lodi et Vernix (approuvé). Diogène (approuvé).
Le Pin : 1901. — Réformé le 7 août 1901 après la monte.

TOUQUES. - H. N.

B. 1897. — Calvados.

Par *Lysander-Pilot*, 1/2 s. N., et *Ecossaise*, 1/2 s. N.,
par Normand.
Sa grand'mère : Pichenette, par Conquérant.
Saint-Lô : depuis 1901.

TOURBILLON. — H. N.

B. 1897. — Orne.

Par *Narquois*, 1/2 s. N., et *Gérance*, 1/2 s. N., par Phaéton
Sa grand'mère : Glorieuse, par Séducteur et Extase.
Le Pin : depuis 1901.

TOURBILLON II, ex-TOURBILLON. — H. N.

B. 1897. — Orne.

Par *Narcisse*, 1/2 s. N., et *Perrenche*, 1/2 s. N., par Kriss.
Sa grand'mère : par Séducteur.
Saint-Lô : depuis 1901.

TOURISTE. — H. N.

B. 1897. — Orne.

Par *Oran*, 1/2 s. N., et *Elide*, 1/2 s. N., par Serpolet-Bai.
Sa grand'mère : Indépendante, par Trouville, P. S.,
et Fitz-Pantaloon, P. S.
Saint-Lô : depuis 1901.

TOURNESOL, ex-TALISMAN. — H. N.

Al. 1897. — Calvados.

Par *Oranger*, 1/2 s. N., et *Carmen*, 1/2 s. N., par Saint-Rigomer.
Sa grand'mère : par Kaolin, P. S.
Saint-Lô : depuis 1901.

TOURNESOL, 1/2 s. (approuvé)
M. Perdriel, à Courson (Calvados).
Bb. 1897. — France.
Par *King* et *Diplomate*.
Saint-Lô : depuis 1901.

TOURTEREAU. — H. N.
N. 1897. — Calvados.
Par *Email* (approuvé), 1/2 s. N., et *Philyre*, 1/2 s. N., par Echo.
Sa grand'mère : par Acquila.
Saint-Lô : depuis 1901.

TOUT-A-COUP, ex-**TURCO**. — H. N.
Bb. 1897. — Manche.
Par *Lilas*, 1/2 s. N., et *Norma*, 1/2 s. N., par Follet.
Sa grand'mère : par Noirmont et Egésippe.
Saint-Lô : depuis 1901.

TRAFALGAR. — H. N.
B. 1897. — Orne.
Par *Nez*, 1/2 s. N., et *Marsala*, 1/2 s. N., par Cherbourg.
Sa grand'mère : par Niger.
Le Pin : depuis 1901.

TRAPPEUR, ex-**TABOR**. — H. N.
Al. 1897. — Calvados.
Par *Kamtchatka*, 1/2 s. N., et *Phtha*, 1/2 s. N., par Floridor.
Sa grand'mère : par Cormoran et Vondu.
Saint-Lô : depuis 1901.

TRAYON. — H. N.
B. 1897. — Manche.
Par *Nemours*, 1/2 s. N., et *Lisette*, 1/2 s. N., par Diplomate.
Sa grand'mère : par Nopal.
Saint-Lô : depuis 1901.

TREILLAGEUR. — H. N.
B. 1897. — Manche.
Par *Muguet*, 1/2 s. N., et *Panachée*, 1/2 s. N., par Dacapo.
Sa grand'mère : par Aventin et Hunter.
Saint-Lô : depuis 1901.

TREMOLO, ex-TIBÈRE. — H. N.
Bb. 1897. — Orne.
Par *Nabucho*, 1/2 s. N., et *Nathalie*, 1/2 s. N., par Edinbourg.
Sa grand'mère : par Racoleur ou Hidalgo.
Le Pin : depuis 1901.

TRENTE-ET-UN. — H. N.
Bb. 1897. — Manche.
Par *Harley*, 1/2 s. N., et *Gloriette*, 1/2 s. N., par Télémaque,
Sa grand'mère : par Kapirat.
Le Pin : depuis 1901.

TRÈS-FIER, ex-TRIBOULET. — H. N.
Al. 1897. — Orne.
Par *James-Watt*, 1/2 s. N., et *Onglette*, 1/2 s. N., par Cherbourg.
Sa grand'mère : Finance, par Niger et Miss-Pierce.
Le Pin : depuis 1901.

TRÉSORIER. — H. N.
Al. 1897. — Orne.
Par *James-Watt*, 1/2 s. N., et *Imprudente*, 1/2 s. N., par Baugé.
Sa grand'mère : Voltigeuse, par Parthénon ou Gall
et Inkermann.
Le Pin : depuis 1901.

TRIBOULET. — H. N.
Al. 1897. — Calvados.
Par *Himalaya*, 1/2 s. N., et *Fauvette*, 1/2 s. N., par Niger.
Sa grand'mère : par Extase.
Saint-Lô : depuis 1901.

TRIBUTAIRE. — H. N.
Al. 1897. — Orne.
Par *James-Watt*, 1/2 s. N., et *Jardinière*, 1/2 s. N., par Beaugé.
Sa grand'mère : Voltigeuse, par Parthénon ou Gall et Inkermann.
Le Pin : depuis 1901.

TRIDENT. — H. N.
B. 1897. — Manche.
Par *Norodum*, 1/2 s. N., et *Brostin*, 1/2 s. N., par Décret.
(Approuvé.)
Sa grand'mère : par Porthos (approuvé.)
Le Pin : depuis 1901.

TRIPOTEUR, ex-**TOUL**. — H. N.
Bb. 1897. — Orne.
Par *Offenbach*, 1/2 s. N., et *Gabrielle*, 1/2 s. N., par Edinbourg.
Sa grand'mère : par Racoleur ou Hidalgo.
Saint-Lô : depuis 1901.

TRIVULCE. — H. N.
B. 1897. — Manche.
Par *Dacapo* ou *Kirsch*, 1/2 s. N., et *Mika*, 1/2 s. N., par Fabuleux.
Sa grand'mère : par Bien-Aimé (approuvé).
Saint-Lô : depuis 1901.

TRON-DE-L'AIR. — H. N.
Al. 1897. — Manche.
Par *Marcelet*, 1/2 s. N., et *Triomphante*, 1/2 s. N., par Fontenay.
Sa grand'mère : par Y.
Le Pin : depuis 1901.

TROUBADOUR, ex-**TALISMAN**. — H. N.
Al. 1897. — Manche.
Par *Nouveau-Monde*, 1/2 s. N., et *Coquette*, 1/2 s. N., par Evaux.
Sa grand'mère : par Quasimodo (approuvé).
Saint-Lô : depuis 1901.

TROUBLE-FÊTE, ex-**TAQUIN**. — H. N.
N. 1897. — Manche.
Par *Norodum*, 1/2 s. N., et *Lisa*, 1/2 s. N., par Agnadel.
Sa grand'mère : par Quality et Dimanche (approuvé).
Saint-Lô : depuis 1901.

TROUVÈRE. — H. N.
B. 1897. — Calvados.
Par *Mignon*, 1/2 s. N., et *Kaoline*, 1/2 s. N., par Kaolin, P. S.
Sa grand'mère : par Jactator.
Saint-Lô : depuis 1901.

TSAR, ex-**TALISMAN**. — H. N.
Bb. 1897. — Calvados.
Par *Echo*, 1/2 s. N., et *Brillante*, 1/2 s. N., par Parthénon.
Sa grand'mère : par Séducteur.
Le Pin : depuis 1901.

TUDOR. — H. N.
B. 1897. — Manche.
Par *Marcelet*, 1/2 s. N., et *Lavatère*, 1/2 s. N., par Lavater.
Sa grand'mère : par The Heir-of-Linne, P. S. A.
Saint-Lô : depuis 1901.

TUMULTE. — H. N.
N. 1897. — Manche.
Par *Myosotis*, 1/2 s. N., et *Castille*, 1/2 s. N., par Bataillon.
Sa grand'mère : par Invariable et Intact.
Saint-Lô : depuis 1901.

TURENNE. — H. N.
Al. 1897. — Charente-Inférieure.
Par *Oudineau*, 1/2 s. (par Cherbourg et Niger), et *Charentaise*,
1/2 s. N., par Jadis et Decrescendo.
Le Pin : depuis 1901.

TURENNE, 1/2 s. N. (approuvé).
M. Le Meteyer, à Mortain (Manche).
B. 1897. — France.
Par *Fuschia* et *Noville*.
Saint-Lô : depuis 1901.

TURF. — H. N.
B. 1897. — Manche.
Par *Napoléon*, 1/2 s. N., et *Volante*, 1/2 s. N., par Jolibois.
Sa grand'mère : par Nicanor et Fire-Away.
Saint-Lô : depuis 1901.

TYPHIS, 1/2 s. N. (approuvé).
M. Roussel, à Mortain (Manche).
Al. 1897. — France.
Par *Dominant* et une jument 1/2 s.
Saint-Lô : depuis 1901.

TYROL. — H. N.
B. 1897. — Orne.
Par *Oran*, 1/2 s. N., et *Espérance*, 1/2 s. N., par Phaéton.
Sa grand'mère : Voltigeuse, par Parthénon ou Gall et Inkermann.
Le Pin : depuis 1901.

URBAIN, 1/2 s. N. (autorisé).
M. Courty, à Neufchâtel (Seine-Inférieure).
B. 1897. — France.
Par *Nessy*.
Le Pin : depuis 1901.

URNEAU (approuvé). — M. F. Morcel.
B. 1876. — Orne.
Par *Wingrove*, 1/2 s. N., et une 1/2 s. N., par Fitz-Pantaloon, P.S.A.
Saint-Lô : 1880. — Réformé en 1898.

UZOS, ex-**UHLAN**. — H. N.
Bb. 1876. — Manche.
Par *Ignoré*. 1/2 s. N., et une 1/2 s. N., par Auguste, P. S. A.
Sa grand'mère : par Ursin, 1/2 s. N.
Le Pin : 1880. — Réformé et abattu le 27 octobre 1897.

VA-DE-BON-CŒUR (autorisé). — M. Lafrie.
Al. 1892. — Manche.
Par *Harfleur*, 1/2 s. N., et une fille de Thévelot, 1/2 s. N.
Saint-Lô : depuis 1897.

VALDEMPIERRE. — H. N.
Bb. 1877. — Calvados.
Par *Normand*, 1/2 s. N., et *Rosière*, par Conquérant, 1/2 s. N.
Sa grand'mère : par Perruquier, 1/2 s. N.
Le Pin : 1882. — Abattu le 13 novembre 1896.

VAL-DE-SÉE (approuvé). — M. Richard (Manche).
Al. 1885. — Manche.
Par *Shamrock*, 1/2 s. A., et une 1/2 s. N., par Piston, P. S. A.
Sa grand'mère : par Peuplier, 1/2 s. N.
Sa bisaïeule : par Hélios, 1/2 s. N.
Saint-Lô : depuis 1889.

VALENCOURT (approuvé). — M. Lemonnier.
B. 1877. — Normandie.
Par *Niger*, 1/2 s. N., et une 1/2 s. N., par Fitz-Pantaloon, P. S. A.
Sa grand'mère : 1/2 s. N., par William, P. S. A.
Sa bisaïeule : fille de Basly, 1/2 s. N.
Le Pin : 1883. — A quitté la circonscription en 1897.

VALÈRE, ex-VOLTAIRE. — — H. N.
Al. 1877. — Orne.
Par *Parthénon*, 1/2 s. N., et *Bijou*, par Hidalgo, 1/2 s. N.
Le Pin : 1881. — Réformé le 22 août 1896.

VIF-ARGENT (approuvé).
M. Lesénécal, 1881 ; M. Pierre, 1886 (Calvados).
B. 1877. — Manche.
Par *Ignoré*, 1/2 s. N., et une fille de Pater, 1/2 s. N.
Sa grand'mère : par Egésippe, 1/2 s. N.
Saint-Lô : depuis 1881.

VIGOUREUX (accepté). — M. Février.
B. 1890. — Manche.
Par *Guerroyeur*, 1/2 s. N., et *Lisette*, 1/2 s. N.
Saint-Lô : 1895. — Non présenté en 1899. — S. R. depuis.

VIVEUR (approuvé), 1/2 s. N. — Mme veuve Merlin.
N. 1894. — France.
Par *Mandarin et Occasion*, par Coq-à-l'Ane.
Le Pin : depuis 1900 — S. R. en 1901.

VOLANT (accepté). — M. Durel.
N. 1893. — Manche.
Par *Seymour*, 1/2 s. N., et *Mouvette*, 1/2 s. N.
Saint-Lô : 1897. — Non présenté à la Commission sanitaire
en 1899. — S. R. depuis.

VOL-AU-VENT (accepté). — Mme veuve Morin.
Al. 1892. — Manche.
Par *Rabin*, 1/2 s. N. et une fille de Tamerlan, 1/2 s. N.
Saint-Lô : 1896. — Non présenté à la Commission sanitaire depuis
1898. — S. R. depuis.

VOLTE-FACE. — H. N.
B. 1877. — Calvados.
Par *Phare*, 1/2 s. N., et *Glorieuse*, par Glorieux, 1/2 s. N.
Sa grand'mère : par Navigateur, 1/2 s. N.
Sa bisaïeule : par Royal-Quand-Même. P. S. A.
Saint-Lô : 1881. — Le Pin : 12 novembre 1892.
Affecté au manège de l'Ecole des Haras, le 12 novembre 1892.
Réformé et castré le 5 août 1893.

WELLINGTON (approuvé). — M. Collas.
B. 1886. — Normandie.
Par *Colporteur*, 1/2 s. N., et une 1/2 s. N.
Le Pin : 1890. — S. R. depuis.

XÉNOPHON, 1/2 s. N. (approuvé).
Mme Merlin, Dieppe (Seine-Inférieure).
N. 1895. — France.
Par *Hote* ou *Cicéron II*, et une fille de *Serviteur*.
Le Pin : depuis 1901.

X II (approuvé). — M. du Douet.
Bb. 1878. — Normandie.
Par *Quolibet*, 1/2 s. N.
Le Pin : 1883. — Mort en 1890.

YACOUB. — H. N.
Ro. 1879. — Seine-Inférieure.
Par *Y-Quick-Silver*, 1/2 s. A., et *Halfane*, par Bayard, 1/2 s. N.
Le Pin : 1884. — Réforme le 22 août 1896.

Y-KAPIRAT. — H. N.
B. 1881. — Sarthe.
Par *Phaëton*, 1/2 s. N., et *Jeune-Elisa*, par Kapirat, 1/2 s. N.
Le Pin : 1886. — Réformé le 9 août 1898 et castré.

2°

ÉTALONS

IMPORTÉS DANS LES CIRCONSCRIPTIONS DU PIN

ET DE SAINT-LO.

(1891-1901)

ÉTALONS

Importés dans les Circonscriptions du Pin et de Saint-Lô.

ALL-FOURS III, 1/2 s. A. — H. N.
B. 1891. — Angleterre.
Par *Vigourous*, 1/2 s. A., et une fille de Confidence, 1/2 s. A.
Le Pin : depuis 1895.

ALL-ROUND, 1/2 s. Norf. — H. N.
Bb. 1893. — Angleterre. — Importé en 1899.
Par *Connaught*, 1/2 s. Norf., et *Blackbird*, 1/2 s. A.,
par Sir-Edwin-Landseer, 1/2 s. A.
Le Pin : 1899. — Mort le 16 juillet 1900.

AMBITIOUS-BOY, 1/2 s. A. (approuvé).
M. Le Marchand (Manche).
B. 1889. — Angleterre.
Par *Lord-Bardolf*, 1/2 s. A., et *N.*, par Lord-of-the-Manor,
1/2 s. A.
Saint-Lô : depuis 1893.

BAINTON-RUFUS, 1/2 s. A. — H. N.
Al. 1891. — Angleterre.
Par *Rufus*, 1/2 s. A., et une fille de Denmark, 1/2 s. A.
Le Pin : depuis 1895.

BLACK-BURN, 1/2 s. A. (approuvé). — M. Galy (Seine).
Bb. 1891. — Angleterre.
Par *Bermuda* et *Peggy-Wilkes*.
Le Pin : 1898. — S. R. depuis.

BLEDELOW, 1/2 s. A. — H. N.
Gr. 1879. — Angleterre.
Le Pin : 1882. — A Lamballe en 1891.

BRISLEY-GENTLEMAN, 1/2 s. Norf. A. — H. N.
N. 1896. — Angleterre.
Par *Mephisto* et *Annie*, par Conséquence.
Le Pin : depuis 1901.

BURY-SQUIRE, 1/2 s. Norf.-A. — H. N.
Al. 1895. — Angleterre. — Importé en 1899.
Par *Vigorous*, 1/2 s. Norf.-A., et *Bury-Candry*, 1/2 s. Norf.,
par Candidate, 1/2 s. Norf.-A.
Le Pin : depuis 1899.

BURY-STANLEY, 1/2 s. A. — H. N.
B. 1891. — Angleterre.
Par *Silver-Cross* et *Bury-Candy*, par Candidate.
Le Pin : depuis 1897.

CASH, 1/2 s. Am. (approuvé). — M. Terry (Seine-et-Oise).
B. 1887. — Amérique.
Origine américaine.
Le Pin : 1893. — A fait la monte dans l'Oise en 1899.
S. R. depuis.

CORNCRAKE, 1/2 s. A. — H. N.
Al. 1892. — Angleterre.
Par *Confidence*, 1/2 s. A., et *Jessie*, par Norfolk-Jack, 1/2 s. A.
Le Pin : depuis 1897.

CRADDOCK (approuvé). — M. Beaume.
B. 1891.
Par *Princeton* et *Previous*.
Le Pin : depuis 1898.
Passé dans la circonscription de Blois en 1900.

EXCELSIOR, 1/2 s. A. — H. N.
N. 1881. — Angleterre.
Par *Reality*, 1/2 s. A., et *Ruby*, par Perfection, 1/2 s. A.
Saint-Lô : 1893. — Réformé le 8 août 1900 après la monte. — Abattu.

EXCHEQUER, 1/2 s. A. — H. N.
N. 1888. — Angleterre.
Par *Excelsior*, P. S. A., et *Griselle*, par Norfolk-Gentleman,
1/2 s. A.
Le Pin : depuis 1893.

FOREST-CHIEF, 1/2 s. Am. (approuvé). — M. Terry.
Bb. 1886. — Amérique.
Origine américaine.
Le Pin : 1893. — S. R. depuis.

FORESTER, 1/2 s. A. — H. N.
Al. 1888. — Angleterre.
Par *Tufthunter*, 1/2 s. A., et *Entreprise*, par Confidence, 1/2 s. A.
Le Pin : depuis 1894.

FREE-LANCE, 1/2 s. A. — H. N.
Al. 1891. — Angleterre.
Par *Golden-Star*. 1/2 s. A., et une fille de Third-Sir-Charles, 1/2 s. A.
Le Pin : depuis 1895.

GAY-DANEGELT, 1/2 s. — H. N.
Al. 1895. — Angleterre.
Par *Danegelt* et *Genista*.
Le Pin : depuis 1900.

GLENCAIRN. — H. N.
B. 1892. — Angleterre.
Par *Astronomer-Royal* et *Lady-Ossington*.
Le Pin : depuis 1900.

GORÜNE, 1/2 s. Russe (approuvé). — M. A. Bassigny.
N. 1876. — Russie.
Par *Gorüne*, 1/2 s. R., et *Razoumnaja*. 1/2 s. R.
Sa grand'mère : Zmeïka, 1/2 s. R.
Le Pin : 1888. — S. R. depuis

GREENWICH-TIME, 1/2 s. A. — H. N.
B. 1891. — Angleterre.
Par *Astronomer-Royal*, 1/2 s. A., et *Gressenhall-Gladys*,
par Confidence, 1/2 s. A.
Le Pin : 1897. — Mort le 20 mars 1899.

HADJI, 1/2 s. Ar. (approuvé). — M. le comte d'Amilly.
B. 1881. — Turquie.
Le Pin : 1886. — S. R. depuis.

IMPROVER, 1/2 s. A. (approuvé). — M. Delaborde-Nogués.
Al. 1882. — Angleterre.
Le Pin : 1890. — S. R. depuis.

LORD-WORCESTER, 1/2 s. A. — H. N.
B. 1889. — Angleterre.
Par *Lord-Bardolph*, 1/2 s. A., et une fille de Fire-Away, 1/2 s. A.
Le Pin : 1894. — Passé au dépôt d'Annecy en 1900.

MESSENGER, 1/2 s. Norf.-A. — H. N.
Al. 1895. — Angleterre. — Importé en 1899.
Par *Captivator*, 1/2 s. Norf-.A., et Goldleaf, 1/2 s. A., par Pioneer,
1/2 s. A.
Le Pin : depuis 1899.

MILTON (approuvé). — M. A.-E. Terry. — H. N., 1896.
B. 1881. — Amérique.
Le Pin : 1892. — S. R. depuis.

MILTON. — H. N.
B. 1879. — Amérique.
Par *Smuggler*, 1/2 s. Am., et *Lizzie*, 1/2 s. Am.
Le Pin : 1896. — Réformé le 9 août 1898 et abattu.

NORTH-STAR, 1/2 s. A. — H. N.
Al. 1877. — Angleterre.
Le Pin : 1882. — Réformé le 27 octobre 1897 et abattu.

PARK-SWELL, 1/2 s. A. — H. N.
Al. 1888. — Angleterre.
Par *Randy*, 1/2 s. A., et *Whatboys-Lucy*, par Norfolk-Hero.
1/2 s. A.
Le Pin : 1893. — Réformé le 9 août 1898 et castré.

RAPID-ROAN, 1/2 s. A. (approuvé). — M. du Douet.
Ro. 1866. — Angleterre.
Le Pin : 1880. — S. R. depuis.

Hack. S. B., t. VI, n° 2234.

RALLYWOOD, 1/2 s. A. — H. N.
N. 1887. — Angleterre. — Importé en 1898.
Par *Confidence*, 1/2 s. A., et *Shotover*, 1/2 s. A., par Norfolk-Comet.
1/2 s. A.
Le Pin : 1898. — Réformé le 7 août 1901 après la monte.

Hack. S. B., n° 6527.

RED-HOT-SHOT, 1/2 s. A. — H. N.
Ro. 1893. — Angleterre. — Importé en 1898.
Le Pin : depuis 1898.

RÉSOLUTION III, 1/2 s. A. — H. N.
B. 1893. — Angleterre.
Par *Beauclerc* et *Annie*, par County-Member.
Le Pin : depuis 1897.

ROYAL-STAR, 1/2 s. A. — H. N.
Al. 1888. — Angleterre.
Par *North Star*, 1/2 s. A., et une fille de Royal-Charley, 1/2 s. A.
Le Pin : 1893. — Réformé le 17 décembre 1900 après la monte.

SIR-JAMES III, 1/2 s. A. — H. N.
Bb. 1891. — Angleterre.
Par *Ruby*, 1/2 s. A., et *Rarebits*, par Norfolk Gentleman, 1/2 s. A.
Le Pin : 1897. — Réformé le 9 août 1898 et castré.

SIR-PETER-REPPS, 1/2 s. A. — H. N.
Bb. 1890. — Angleterre.
Par *Monarch*, 1/2 s. A., et une fille de The Dean, 1/2 s. A.
Le Pin : 1895. — Réformé le 9 août 1898 et castré.

SPÉCULATION, 1/2 s. A. — H. N.
Al. 1891. — Angleterre.
Par *Evolution* et *Lady-Marton*, par Denmark.
Le Pin : 1897. — Réformé le 16 décembre 1898 et castré.

STAR-OF-SEDGEFORD, 1/2 s. A. — H. N.
Ro. 1893. — Angleterre.
Par *Star-of-Morley* et *Lady-Margaret*, par Vigorous.
Le Pin : 1892. — Passé au dépôt d'Hennebont le 22 novembre 1897.

STARBOROUGH, 1/2 s. A. — H. N.
Al. 1887. — Angleterre.
Le Pin : depuis 1894.

12

TALLY-HO, 1/2 s. A. — H. N.
Ro. 1885. — Angleterre.
Par *Tally-Ho* et une jument irlandaise.
Le Pin : 1890. — Réformé après la monte de 1899. — Castré.

THE MOOR. — H. N.
Al. 1895. — Angleterre.
Par *Ganymède* et *May-Blossom*, par Vigorous.
Le Pin : depuis 1901.

TRAPÈZE, 1/2 s. Norf.-A. — H. N.
Al. 1894. — Angleterre. — Importé en 1899.
Par *Agility*, 1/2 s. Norf.-A., et *Bounce*, 1/2 s. Norf.-A.,
par Great-Shot, 1/2 s. Norf.-**A.**
Le Pin : depuis 1899.

TRUMAN'S-BARDOLPH, 1/2 s. A. — H. N.
Al. 1888. — Angleterre.
Par *Lord-Bardolph*. 1/2 s. A., et *Benwick-Sowel*,
par Lord-of-the-Manor, 1/2 s. A.
Le Pin : depuis 1893.

VENICE, 1/2 s. A. — H. N.
B. 1891. — Angleterre.
Par *General-Gordon*, 1/2 s. A., et *Lady-Mirfield*,
par Fire-Away, 1/2 s. A.
Le Pin : 1897. — Réformé le 9 août 1898 et castré.

VESPER, 1/2 s. A. — H. N.
Ro. 1885. — Angleterre.
Par *Roan-Confidence* et *Hurdle*.
Le Pin : depuis 1890.

WILL'S-FAVORITE, 1/2 s. Am.
(Approuvé). — M. Terry.
B. 1886. — Amérique.
Origine américaine.
Le Pin : 1893. — Vendu en 1898 à M. Ephrussi.

3°

ETALONS DE PUR SANG

AYANT FAIT LA MONTE EN NORMANDIE

ÉTALONS DE PUR SANG

Ayant fait la monte en Normandie.

ACCAPAREUR, ex-**GROS-PAUL**, P.S.A. S B.F., t. XI, p. 385.
M. Dousdebès (Seine-et-Oise).
Al. 1891. — France.
Par *Gamin* et *Persist*, par Silvester.
Le Pin : depuis 1897.

ALGER, P. S. A. — H. N. S.B.F., t. XI, p. 1.
M. Paul Aumont.
Al. 1883. — France.
Par *Saxifrage* et *Australie*, par Trocadéro.
Le Pin : 1895. — Mort le 19 juin 1899.

ALGUAZIL, P.S.A. — M. G. Dreyfus. S.B.F., t. IX, p. 90,
Al. 1887. — France.
Par *Don-Carlos* et *Carpette*, par Kidderminster.
Le Pin : 1895-1897.
Passé dans la circonscription de Compiègne en 1898.

ALHAMBRA, P. S. A. — M. Moreau-Chaslon. S.B.F. t. IX, p 2.
Loué en 1890 à M. E. Blanc.
B. 1879. — France.
Par *Consul* et *The Abbess*, par Atherstone.
Le Pin : 1886. — Mort en 1892.

ALLO, P. S. A. — M. Le Marchand, 1900 ; M. Hatin (Manche).
Bb. 1889 chez M. Boschet.
Par *Zut* et *Lady-Glenorchy*, par Breadalbane.
Sa grand'mère : Phantom-Sail, par The Flying-Dutchman.
Saint-Lô ; depuis 1896.

APEX, P. S. A. — H. N.
Al. 1896. — Eure.
Par *Ayrshire*, P. S. A., et *Alhambra*, P. S. A.
Le Pin : depuis 1901.

AQUARIUM, P.S.A. — M. Deschamps (Orne). S.B.F., t. IX, p. 84.
B. 1889. — France.
Par *Narcisse* et *Miss-Hannah*, par King-Tom.
Le Pin : 1896. — Mort en 1900.

ARAB, P. S. A. (approuvé).
M. Remy, Pontoise (Seine-et-Oise).
B. 1889. — France.
Par *Energy* et *Armoricaine*.
Le Pin : depuis 1901.

ARBACÈS, P. S. A. (approuvé).
M. le Cte Foy, Barbeville (Calvados).
B. 1897. — France.
Par *Cambyse* et *Anaconda*.
Saint-Lô : depuis 1901.

ARLEQUIN, P. S. A. — H. N. S.B.F., t. XII, p. 3.
B. 1893, chez M. le Bon de Soubeyran.
Par *Little-Duck* et *Andrella*, par The Scottish-Chief.
Sa grand'mère : Lady-Dot, par The Cure.
Saint-Lô : depuis 1898.

ARROSAGE, P. S. A. — H. N. S. B. F., t. X, p. 273.
Al. 1889. — France.
Par *Xaintrailles* et *Verdoyante*, par Peut-Être.
Saint-Lô : depuis 1894.

ARTISAN, P. S. A. (approuvé).
M. Wallet, Versailles (Seine-et-Oise).
B. 1895. — France.
Par *Révérend* et *Alice*.
Le Pin : depuis 1901.

ASSUÉRUS, P. S. A. — H. N. S. B. F., t. XI, p. 2.
B. 1886. — France.
Par le *Petit-Caporal* et *Arcole*, par Monarque.
Saint-Lô : 1893. — Réformé le 23 décembre 1898 et abattu.

AUGURE. P. S. A.   S. B F., t. XI. p. 2.
Mis de Triquerville (Calvados)
B. 1886. — France.
Par *Julius-Cæsar* et *Anaconda*, par d'Estournel.
Le Pin : 1895. — Mort en 1899.

AUSTRAL. P. S. A. — H. N.   S. B. F., t. XI, p. 2.
Al. 1889. — France.
Par *Saxifrage* et *Australie*, par Trocadéro.
Saint-Lô : depuis 1893.

AVOR, P. S. A.   S. B. F., t. IX, p. 4.
M. Desclos, 1889 ; Ctesse Isola, 1892.
B. 1881. — France.
Par *Dollar* et *Finlande*, par Ion.
Le Pin : 1889. — Réformé en 1899.

BALLU, P. S. A. — M. Lemonnier (Calvados)   S.B.F., t. XI, p. 3.
Bb. 1886. — France.
Par *John-Day* et *Cybaline*, par Wellingtonia.
Le Pin : depuis 1894.

BALSAMO, P. S. A. — H. N.   S.B.F., t. XII. p. 5.
B. 1892, chez M. le Bon de Soubeyran.
Par *Frontin* et *Black-Corrie*, par Sterling.
Sa grand'mère : Wild-Dayrell mare.
Saint-Lô : 1898. — Réformé le 23 décembre 1898 et castré.

BALZAN, P. S. A. — Mis Maison.   S. B. F., t. IX, p. 4.
B. 1883. — France.
Par *Balagny* ou *Wellingtonia* et *Queen-of-the-Valley*,
par King-of-the-Forest.
Le Pin : 1889-1894.
Passé dans la circonscription de Compiègne en 1895.

BARBE-BLEUE, P. S. A. (approuvé). — M. Le Marchand.
B. 1894.
Par *Fil-en-Quatre* et *La Tarbaise*.
Saint-Lô : depuis 1900.

BARBILLON, P. S. A.   S.B.F., t. X, p. 7i.
Duc de Feltre, 1896 ; Mlle Bartholoni (Nièvre), 1897.
Al. 1889. — France.
Par *Reluisant* et *Barbillonne*, ex-Mi-voie, par Y. Gladiator.
Le Pin : 1895-1897. — Passé dans la circonscription de Cluny en 1897.

BARIOLET, P. S. A. — M. Ephrussi.   S.B.F., t. XI, p. 8.
H. N., 1885. — Al. 1878. — France.
Par *Trocadéro*, et *Bariolette*, par Orphelin.
Le Pin : 1884. — Saint-Lô : 1894.
Réformé le 6 août 1898 et abattu.

BASILE, P. S. A. — M. P. Auvray.   S. B. F., t. IX, p. 5.
B. 1878. — France.
Par *Ruy-Blas* et *Basilia*, par Trumpeter.
Le Pin : 1880. — S. R. depuis.

BEAUJOLAIS, P. S. A. — H. N.   S.B.F., t. XI., p. 116.
Al. 1891. — Eure.
Par *Gamin* et *Bigamy*, par Wild-Oats.
Le Pin : depuis 1897.

BÉGONIA, P. S. A.   S.B.F., t. XII, p. 7.
M. P. Desclos (Orne).
B. 1885, chez M. le Cte de Nicolay.
Par *Plutus* et *Belle-Etoile*, par Light.
Le Pin : depuis 1893.

BICEPS, P. S. A. — M. Rossignol.   S.B.F., t. X, p. 6.
B. 1888. — France.
Par *Nougat* et *Bizerte*, par Androclès.
Le Pin : 1892. — Vendu en août 1892. S. R. depuis.

BLUE-GREEN, P. S. A. (approuvé). — M. le Vte de Fontarce,
M. le Bon de Bray, Pontoise (Seine-et-Oise).
B. 1887.
Par *Cœruleus* et *Angelica*.
Le Pin : depuis 1901.

BOCAGE (approuvé). — M. R. Lebaudy.
B. 1885. — France.
Par *Dollar* et *Printanière*.
Le Pin : depuis 1900.

BOÏADOR, P. S. A.   S.B.F., t. IX, p. 6.
MM. Moreau-Chaslon, 1880 ; Mis Maison ; Paul Auvray, 1895.
B. 1874. — France.
Par *Vermouth* et *La Bossue*, par De Clare.
Le Pin : 1881. — Mort en 1895.

BOISSY, P. S. A. — H. N. S. B. F., t. IX, p. 6.
Al. 1881. — France.
Par *Verdun* et *Belle-Étoile*, par First-Born.
Le Pin : 1888. — Réformé le 4 août 1900 après la monte.

BORDER-MINSTREL, P. S. A. — H. N. S. B. F., t. VIII, p. 4.
Al. 1880. — Angleterre.
Par *Tynedale* et *Glee*, par Adventurer.
Le Pin : 1886. — Réformé le 7 août 1901 après la monte.

BOULE-DOG, P. S. A — H. N. S. B. F., t. XI, p. 5.
Al. 1886. — France.
Par *Patriarche* et *Boulette*, par Verdun.
Saint-Lô : 1894. — Réformé le 9 décembre 1899. — Castré.

BOURDIGAL, P. S. A. — H. N. S. B. F., t. XI, p. 117.
N. 1893, chez M. Thonnard du Temple.
Par *Bariolet* et *Bizerte*, par Androclès.
Sa grand'mère : La Tamise, par Marksman.
Saint-Lô : depuis 1899.

BREST, P. S. A. — M. J. Lebaudy. S. B. F., t. XI, p. 5.
B. 1881. — Angleterre.
Par *Ethus* et *Baroness*, par Y. Melbourne.
Le Pin : 1893. — Vendu en 1893 après la monte

BRIQ, P. S. A. (approuvé). — M. Michel Ephrussi.
B. 1895. — France.
Par *Galopin* et *Briar-Root*.
Le Pin : depuis 1900.

BROXTON, P. S. A. S. B. F., t. XII, p. 9.
S. B. A., t. XVII, p. 201.
Ctesse Le Marois (Manche) ; James Moore.
B. 1891, chez le duc de Westminster (Angleterre).
Importé en 1897.
Par *Ayrshire* et *Farewell*, par Doncaster.
Saint-Lô : 1898-1899. — Non présenté en vue de la monte de 1900.
Le Pin : depuis 1901.

BRUCE, P. S. A. — H. N. S. B. F., t. VIII, p. 5.
B. 1879. — Angleterre.
Par *See-Saw* et *Cariac*, par Caterer ou Stockwell.
Le Pin : depuis 1886.

BRUTUS, P. S. A.   S.B.F., t. VIII, p.[5].
MM. Desmonts, 1887 ; Lé Gonidec, 1888 ; Lemonnier, 1889.
B. 1879. — France.
Par *Vertugadin* et *Basquine*, par Ruy-Blas.
Le Pin : 1887. — Vendu en 1897 après la monte.

BUFFALO-BILL II, P. S. A. (approuvé).
M. Guillerme, Saint-Lô (Manche).
Al. 1896. — France.
Par *Krakatoa* et *Prudente*, par Le Petit-Caporal.
Saint-Lô : depuis 1901.

CABALLERO, P. S. A.   S. B. F., t. XI, p. [5].
M. H. Say (Seine-et-Oise)
B. 1889. — France.
Par *Perplexe* et *Lord-Clifden mare*, issue de The Princess-of-Wales,
par Stockwell.
Le Pin : depuis 1894.

CALLISTRATE, P. S. A.   S.B.F., t. X, p. [110].
M. Abeille (Eure).
Bb. 1890. — France.
Par *Cambyse* et *Citronelle*, par Mars.
Le Pin : depuis 1896.

CARAFON, P. S. A. — M. Dodge.   S.B.F., t. VIII, p. [209].
B. 1885. — France.
Par *Tabac* et *Collerette*, par Plutus.
Le Pin : 1891-1893.
Passé dans la circonscription de Compiègne en 1894.

CASTOR, P. S. A. — M. Perrin.   S.B.F., t. X. p. [9].
Al. 1885. — France.
Par *Beaurepaire* et *Ciboule*, par Cymbal.
Le Pin : 1892. — Réformé en 1893.

CATAPAN, P. S. A. — H. N.   S.B.F., t. XI, p. [138].
Al. 1892, chez le Bon de Bizi.
Par *Bruce* et *Catalape*, par Gabier.
Sa grand'mère : Pure-Vérité, par Gontran.
Saint-Lô : depuis 1899.

GAUDEYRAN, P. S. A. S.B.F., t. XII, p. 1096.
Cte J. de Ganay.
B. 1884, chez M. A. Fouchon.
Par *Vignemale* et *Lyda*, par Ladislas.
Saint-Lô : depuis 1898.

CHALET, P.S.A. — M. le Cte Le Marois (Orne). S.B.F., t. XI. p. 6
B. 1887. — France.
Par *Beauminet* et *The Frisky-Matron*, par Crémorne.
Saint-Lô : 1893. — Le Pin : depuis 1894.

CHAMBERTIN, P. S. A. (approuvé). — M. J. Prat.
Gr. 1894.
Par *Le Sancy* et *Chopine*.
Le Pin : depuis 1899.

CHANDERNAGOR, P. S. A. — H. N. S.B.F., t. X, p. 307.
Al. 1890. — Seine-et-Oise.
Par *Xaintrailles* et *Pensacola*, par Dollar.
Saint-Lô : depuis 1897.

CHAPEAU-CHINOIS, P. S. A. (approuvé). — M. Fontenier.
B. 1890. — France.
Par *Bruce* et *Clarinette*.
Saint-Lô : depuis 1900.

CHARLEMAGNE, P. S. A. (approuvé). — M. Champouillon.
B. 1891. — France.
Par *The Bard* et *Czarina*.
Le Pin : 1899. — N'a pas fait la monte en 1899 et 1900.

CHELSEA, P. S. A. — Ctesse d'Isola. S.B.F., t. X. p. 10.
Al. 1878. — Angleterre.
Par *Cremorne* et *Brigantine*, par Buccaneer.
Le Pin : 1892. — Mort en 1894.

CHÊNE-ROYAL, P. S. A. S.B.F.. t. XI, p. 7.
M. le Cte de Tracy. — H. N. en 1895.
B. 1889. — France.
Par *Narcisse* et *Perplexité*, par Perplexe.
Le Pin : 1894. — Pau : depuis 1895.

CHESTERFIELD. P. S. A. S.B F..t. XI. p. 7.
M. R. Lebaudy (Orne).
Al. 1888. — Angleterre.
Par *Wisdom* et *Bramble*, par See-Saw.
Le Pin : depuis 1894.

CHITRÉ, P. S. A. — H. N., 1885. S.B.F., t. VIII, p. 6
Al. 1880. — France.
Par *Trocadéro* et *Sée* ex-*La Cée*, par Orphelin.
Le Pin : 1885-1889. — Perpignan : 1890-1893.
Saint-Lô : 1894. — Réformé et abattu le 6 août 1898.

CLAIRON, P. S. A. S B.F..t. X. p. 11.
M. le Cte Dauger (Orne).
B. 1888. — France.
Par *Wellingtonia* et *Aïda*, par Hermit.
Le Pin : depuis 1892.

CLAMART, P. S. A. — M. E. Blanc, 1892. S.B.F..t. XI.p. 8.
H. N., 1895.
Al. 1888. — France.
Par *Saumur* et *Princess-Catherine*, par Prince-Charlie,
Le Pin : depuis 1892.

CLAMOR, P. S. A. — H. N.
B. 1895. — Hautes-Pyrénées.
Par *Grandmaster* et *Clairvoyante*,
Saint-Lô : depuis 1901.

CLOVER, P. S. A. — M. Ed. Blanc. S.B.F., t. IX, p. 350.
Al. 1886. — France.
Par *Wellingtonia* et *Princess-Catherine*, par Prince-Charlie.
Le Pin : 1891. — Vendu pour la Russie en 1898.

CLUNY, P. S. A. — M. Desclos. S.B.F..t. X, p. 12.
B. 1885. — France.
Par *Beauminet* ou *Insulaire*, et *Contempt*, par King-Tom.
Le Pin : 1892. — Vendu à l'Allemagne en 1892.

COMPAGNON II, P. S. A. — M. Ed. Blanc. S.B.F.. t. XI. p. 9.
Al. 1888. — France.
Par *Energy* et *Consolation*, par Montagnard.
Le Pin : 1894-1897.
Passé en 1898 dans la circonscription de Tarbes (Hautes-Pyrénées).

CORAIL, P. S. A. (approuvé). — M. le Cte de Chenelette.
Al. 1893. — France.
Par *The Bard* et *Princess-Catherine*.
Le Pin : depuis 1900.

COTENTIN, P. S. A. — H. N. S.B.F., t. X, p. 377
M. Jacquemin, 1895.
Al. 1889. — France.
Par *Energy* et *Vert-Pré*, par Patricien.
Le Pin : depuis 1895.

CRISPIN, P. S. A. — Mlle Bartholoni. S.B.F., t. IX, p. 101.
B. 1888. — France.
Par *Wellingtonia* et *Céramée*, par Hospodar.
Le Pin : 1897.
Passé en 1898 dans la circonscription d'Annecy.

CYRUS, P.S.A. — M. Dousdebès (Seine-et-Oise) S.B.F , t. X. p. 122.
Al. 1891. — France.
Par *Vernet* et *Cybèle*, par Mandrake.
Le Pin : depuis 1896.

DANICHEFF, P. S. A. (approuvé). — M. de Kiss.
B. 1891. — France.
Par *Claymore* et *Victory II*.
Le Pin : depuis 1900

DICTATOR, P. S. A. — H. N. S.B.F., t. X, p. 361.
B. 1890. — Orne.
Par *Julius-Cæsar* et *The Frisky-Matron*, par Crémorne.
Saint-Lô : depuis 1896.

DIEGO, P. S. A. — M. Grardel. S.B.F., t. IX, p. 122.
Al. 1888. — France.
Par *Little-Duck* et *Dart*, par Lambton.
Le Pin : 1896. — A quitté la circonscription. — S. R. depuis.

DOLMA-BAGTCHÉ, P. S. A. S.B.F., t. X. p. 52.
Bon de Schickler (Manche).
Bb. 1891. — France.
Par *Krakatoa* et *Alaska*, par Galopin.
Saint-Lô : depuis 1895.

DOMINGO, P. S. A. — H. N. S.B.F., t. XII, p. 16.
B. 1892, chez M. le Cte de Berteux.
Par *Upas* et *Guadeloupe*, par Rosicrucian.
Sa grand'mère : Lady-Sophia, par Stockwell.
Saint-Lô : depuis 1898.

DOURAK, P. S. A. (autorisé). S.B.F., t. XI, p. 10.
M. Michel Ephrussi (Eure).
Al. 1887. — France.
Par *Victor-Emmanuel* et *Dulci-Domum*, par Cambuscan.
Le Pin : 1893. — A fait la monte dans la Sarthe en 1901.

DUILIUS, P. S. A. — H. N. S.B.F., t. XIII.
B. 1894, chez M. H. Cartier.
Par *Martin-Pêcheur II* et *La Dhuis*, par Bruce.
Sa grand'mère : Dunette, par Orphelin et Schooner,
par Father-Thames.
Saint-Lô : 1899.
Passé au manège de l'Ecole des Haras le 9 novembre 1899.

EDOUARD III, P. S. A. (approuvé). — Melle Mars-Brochard.
Gr. 1894. — France.
Par *Le Sancy* et *La Jarretière*.
Le Pin : depuis 1899.

EL-BATIDOR, P. S. A. (approuvé). — Duc de la Torre.
B. 1894.
Par *Saint-Symphorien* et *Fontaine-Rosette*.
Le Pin : 1899. — N'a pas fait la monte en 1899 et 1900.

EMOUCHET, P. S. A.-A. — H. N. S.B.F., t. XI, p. 522.
Al. 1893. — Corrèze.
Par *Fligny*, P. S. A., et *Estencia*, P. S. A.-A.
Le Pin : depuis le 10 août 1896.
Affecté au manège de l'Ecole des Haras le 10 août 1896.
N'a pas fait la monte en Normandie.

ENTRE-CHAT, P. S. A. S.B.F., t. XII, p. 16.
Bons Roger et de Varenne (Seine-et-Oise).
Al. 1892, chez MM. les Bons Roger et de Varenne.
Par *Salteador* et *Expectation*, par Speculum.
Le Pin : depuis 1898.

EPATANT II, P. S. A. — H. N. en 1899. S.B.F., t. XI, p. 186.
Bb. 1893, chez Mme la Bonne de Bray.
Par *Sorrento* et *Épave II*, ex-*General-Peel* mare, par General Peel.
Sa grand'mère : Salvage, par Lifeboat.
Saint-Lô : 1899. — Mort le 9 novembre 1901 après la monte.

ESPOIR-DE-ROUVRES, ex-**OUARGLA**, P. S. A. — H. N. S.B.F., t. XII, p. 17.
B. 1894, chez M. le Bon d'Hauteserve.
Par *Mourle* et *Diligence*, par Gabier.
Sa grand'mère : Diaprée, par Rayon-d'Or.
Perpignan : 1898 : Saint-Lô : depuis 1899.

ÉTENDARD, P. S. A. — H. N. S.B.F., t. XI, p. 191.
B. 1891. — Gers.
Par *Artois* et *Etoile-du-Matin*, par Cymbale.
Saint-Lô : depuis 1896.

FAISAN, P. S. A. — M. Prat. S.B.F., t. VI, p. 10.
Al. 1875. — France.
Par *Monitor II* et *Fluke*, par Turnus.
Le Pin : 1881-1897.
Réformé en 1898. — N'a pas fait la monte. — Mort en 1900.

FANEUR, P. S. A. (approuvé). — M. H. Rémy.
B. 1891. — France.
Par *Retreat* et *Fragoletta*.
Le Pin : depuis 1899.

FATALISTE, P. S. A. — H. N. S.B.F., t. VIII, p. 11.
Al. 1878. — France.
Par *Le Sarrazin* et *Mademoiselle-de-Fligny*, par Bois-Roussel.
Le Pin : 1884. — Réformé le 4 août 1900 après la monte.

FERGUS, P. S. A. — M. E. Deschamps. S.B.F., t. XII, p. 19.
Al. 1894, chez M. E. Deschamps.
Par *Stuart* et *Minstrel-Maid*, par Tynedale.
Le Pin : 1894. — Mort en 1898.

FÉTICHE, P. S. A. S.B.F., t. XI, p. 11.
Bonne de Bray, 1891 ; M. Maurice Ephrussi, 1895.
B. 1883. — France.
Par *Nougat* et *Fleurines*, par Mortemer.
Le Pin : 1891. — Mort en 1898.

FIN-BOIS, P. S. A. — H. N. 1892.   S.B.F., t. X. p.
Al. 1887. — France.
Par *Réussi* et *Fine-Chartreuse*, par Carrouges.
Saint-Lô : 1892-1893.
Passé au dépôt d'étalons de Villeneuve-sur-Lot en décembre 1893.

FITZ-HAMPTON, P. S. A.   S.B.F.. t. XI. p.
M. Michel Ephrussi.
B. 1887. — Angleterre.
Par *Hampton* et *Lady-Binks*, par Adventurer.
Le Pin : 1894. — Vendu pour la Belgique en 1896.

FLACON, P. S. A. — H. N.   S.B.F. t. XIII.
Al. 1894, chez le Cte de Berteux.
Par *Hagioscope* et *Héliotrope*, par Rosicrucian.
Sa grand'mère : Lady-Flora, par Stockwell.
Le Pin : depuis 1899.

FLEURISSANT, P. S. A. — M. Dodge (Eure). S.B.F.. t. XI. p.
B. 1888. — France.
Par *Mourle* et *Mignonnette*, par Ferragus.
Le Pin : depuis 1894.

FLORÉAL, P. S. A. (approuvé). — M. H. de Vains.
Al. 1893. — France.
Par *Krakatoa* et *Armure*.
Saint-Lô : depuis 1899.

FLORIZEL, P. S. A. — H. N.
B. 1895. — Calvados.
Par *Monarque-Saxifrage* ou *Saint-Luc* et *Fayriland*.
Saint-Lô : depuis 1901.

FLYING-FOX, P. S. A. (approuvé). — M. Edmond Blanc.
B. 1896. — Angleterre.
Par *Orme* et *Vampire*.
Le Pin : depuis 1900.

FOREST-DANCER, P. S. A.   S.B.F.. t. X. p.
M. Moreau-Chaslon.
Par *Rosicrucian* et *Kalinka*, par Paul-Jones.
Le Pin : 1892-1892.
Passé dans la circonscription de Compiègne en 1893.

— H. N. 1892.   S. B. F., t. X, p.
— France.
artreuse, par Carrouges.
: 1892-1893.
eneuve-sur-Lot en décembre 1893.

PTON, P. S. A.   S.B.F., t. XI, p. 11.
l Ephrussi.
- Angleterre.
-Binks, par Adventurer.
pour la Belgique en 1896.

. A. — H. N.   S. B. F. t. XIII.
e Cte de Berteux.
iotrope, par Rosicrucian.
-Flora, par Stockwell.
lepuis 1890.

M. Dodge (Eure). S.B.F., t. XI, p. 12.
— France.
onnette, par Ferragus.
epuis 1894.

nrouvé). — M. H. de Vains.
— France.
z et *Armure*.
lepuis 1899.

. S. A. — H. N.
- Calvados.
ou *Saint-Luc* et *Fayriland*.
depuis 1901.

prouvé). — M. Edmond Blanc.
Angleterre.
et *Vampire*.
puis 1900.

ER, P. S. A.   S.B.F., t. X, p. 11.
a-Chaslou.
iinka, par Paul-Jones.
892-1892.
ion de Compiègne en 1893.

FOURIRE, P. S. A. — H. N.
B. 1896. — Oise.
Par *Palais-Royal* et *Fourchette*.
Le Pin : depuis 1901.

FOUSI-YAMA, P. S. A.   S.B.F., t. X, p. 242.
Bon de Rothschild.
Al. 1890. — France.
Par *Atlantic* et *Little-Sister*, par Hermit.
Le Pin : 1895. — Mort en 1897.

FRA-ANGÉLICO, P. S. A.   S.B.F., t. XI, p. 12.
Bon de Schickler (Manche).
B. 1889. — France.
Par *Perplexe* et *Escarboucle*, par Doncaster.
Saint-Lô : depuis 1894.

FRA-DIAVOLO, P. S. A.   S.B.F., t. IX, p. 15.
M. P. Aumont. — H. N. : depuis 1896.
Al. 1881. — France.
Par *Trocadéro* et *Orpheline*, par Orphelin.
Le Pin : 1887. — Réformé le 4 août 1900 après la monte.

FRIPON, P. S. A.   S.B.F., t. IX, p. 15.
M. Ed. Blanc ; M. Vanderbilt, 1896 (Seine-et-Oise).
B. 1883. — France.
Par *Consul* et *Folle-Avoine*, par Favonius.
Le Pin : depuis 1889.

GAGNY, P. S. A. — H. N.   S.B.F., t. XII, p. 189.
Al. 1894, chez M. A. Menier.
Par *Manoel* et *Camphene*, par Lowlander.
Sa grand'mère : Camlet, par Sundeelah.
Sa bisaïeule : Campanile, par Stockwell.
Saint-Lô : depuis 1899.

GALEAZZO, P. S. A.   S.B.F., t. XII.
En location chez le Bon de Rothschild (Calvados).
B. 1893. — France.
Par *Galopin* et *Eira*.
Le Pin : 1897-1899. — Retourné en Angleterre en 1899.

13

GALWAY, P. S. A. (autorisé).   S.B.F., t. XI, p. 13
M. R. Lebaudy.
N. 1887. — Angleterre.
Par *Gaillard* et *Westeria*, par Sterling.
Le Pin : 1894. — Vendu en 1894.

GAMBLER, P. S. A. — H. N.   S.B.A., t. XVI, p. 38.
S.B.F., t. X, p. 19.
B. 1887. — Angleterre. — Importé en 1891.
Par *Erin* et *The Bee*, par Lord-Clifden.
Saint-Lô : depuis 1891.

GANGWAY, P. S. A. (approuvé).
M. A. Falguières, Rambouillet (Seine-et-Oise).
B. 1890.
Par *Saraband* et *Gang-Wariby*.
Le Pin : depuis 1901.

GASCON II, P. S. A.   S.B.F., t. XII, p. 1096.
M. E. Archdeacon (Orne).
B. 1893, chez M. Prunet-Castille.
Par *Castillon* et *Gazelle*, par Controversy.
Le Pin : 1898. — A quitté la circonscription en fin de 1898.

GÉNÉRAL-ALBERT, P. S. A. (approuvé).
M. Paul Aumont.
B. 1894. — Calvados.
Par *Martagon* et *Woodlark*.
Le Pin : depuis 1900.

GERMAIN, P. S. A. — H. N.
Al. 1896. — Calvados.
Par *Stracchino* et *Germaine II*.
Le Pin : depuis 1901.

GÉRONTE. — H. N.
Al. 1895. — Calvados.
Par *King-Lud* et *Hysteria*.
Saint-Lô : depuis 1900.

GOLDONI, P. S. A. — H. N.   S.B.F., t. XI, p. 222
Al. 1893. — Eure.
Par *Pourtant* et *Gargousse*, par Pompier.
Saint-Lô : 1897. — Réformé le 6 août 1898 et castré

GORENFLOT, P. S. A. — H. N.
B. 1895. — Orne.
Par *Krakatoa* et *Minstrel-Maid*.
Le Pin : depuis 1900.

GOSPODAR, P. S. A. S.B.F., t. XI, p. 227.
M. Michel Ephrussi. — Al. 1891. — France.
Par *Gamin* et *Georgina*, par Trocadéro.
Le Pin : depuis 1895.

GOSPORT. P. S. A. (autorisé 1896). S.B.F., t. IX, p. 481.
M. Dimpault.
B. 1888. — France.
Par *Southampton* et *Gisela*, par Kisber.
Le Pin : 1895. — A quitté la circonscription en 1896. — S. R.

GOURNAY, P. S. A. S.B.F., t. X, p. 20.
Cte de Nicolay, 1889. — H. N., 1893.
B. 1884. — France.
Par *Plutus* et *Grenade*, par Trocadéro.
Saint-Lô : depuis 1893.

GOUVERNAIL, P. S. A. S.B.F., t. XII, p. 23.
M. E. Blanc (Hautes-Pyrénées). — H. N. en 1899.
Al. 1891, chez M. E. Blanc.
Par *The Bard* et *Gladia*, par Tournament.
Sa grand'mère : Garenne, par Gladiator, Elthiron ou Freystrop.
Tarbes : 1895-1898. — Saint-Lô : depuis 1899.

GRAND-PRIOR, P. S. A. S.B.A., t. VIII, p. 149.
M. Halbronn.
Al. 1887. — Angleterre.
Par *Hermit* et *Devotion*, par Stockwell.
Le Pin : 1895. — A quitté la circonscription.

GRISOLET, P. S. A. S.B.F., t. IX, p. 18.
M. le Cte Le Marois. — H. N.
Al. 1886. — France.
Par *Flageolet* et *Oulgouriska*, par Patricien.
Le Pin : 1890. — Vendu aux Haras en 1890.
Fait la monte à Tarbes.

GUARDI, P. S. A. (approuvé). — M. de Kiss.
Al. 1893. — France.
Par *Gamin* et *Georgina*.
Le Pin : depuis 1900.

GYGÈS, P. S. A. (approuvé).
M. Le Marchand, Valognes (Manche).
Al. 1889. — France.
Par *Hermit* et *Substitute*.
Saint-Lô : depuis 1897.

HAM, P.S.A. — H. N. (importé en 1891). S.B.A., t. XVI, p. 175.
S.B.F., t. X, p. 24.
B. 1884. — Angleterre.
Par *Hampton* et *Fritella*, par Macaroni.
Saint-Lô : 1891. — Réformé le 7 août 1901 après la monte.

HANDAM-SEMRI, P. S. Ar. (approuvé). — M. Henri Prat.
Gr. 1896.
Son père : N., de race Hebdan.
Sa mère : N., de race Hamdine-Senri.
Le Pin : depuis 1901.

HEAUME, P. S. A. — Bon de Rothschild. S.B.F., t. IX, p. 73.
B. 1887. — France.
Par *Hermit* et *Bella*, par Breadalbane.
Le Pin : 1892. — Mort en 1895.

HUMEWOOD, P.S.A. — H. N. S.B.F., t. XI, p. 16.
Bb. 1894. — Angleterre. — Importé en 1892.
Par *Londesborough* et *Alabama*, par Buccaneer.
Le Pin : depuis 1893.

IDUS, P. S. A. — M. Delamarre. S.B.F., t. VI, p. 13.
Bb. 1867. — Angleterre.
Par *Wild-Dayrel* et *Freight*, par John-O'Gaunt.
Le Pin : 1878. — Mort en 1892.

IMPOSTEUR, ex-**INCITATUS II**. S.B.F., t. X, p. 201.
M. le Bon de Schickler (Manche).
B. 1889. — France.
Par *Energy* et *Iphigénie*, par Hospodar.
Saint-Lô : 1896-1899.
Non présenté en vue de la monte de 1900.
S. R. depuis cette époque.

IRKOUTSK, P. S. A. — H. N.
Al. 1896. — Seine-et-Marne.
Par *Frontin* et *Sweetlips*.
Saint-Lô : depuis 1900.

ISIGNY, P. S. A. (approuvé). — M. E. de la Charme.
Al. 1896. — France.
Par *Zut* et *Isolina*.
Le Pin : depuis 1900.

ISMAËL, P. S. A.   S B.F., t. VIII, p. 48
M. le Cte Le Gonidec (Calvados).
Al. 1875. — France.
Par *Flageolet* et *Verdure*, par West-Australian.
Le Pin : depuis 1884.

ISPAHAN, P. S. A. (approuvé). — M. Lecouteulx de Canmont.
B. 1895. — France.
Par *Cambyse* et *The Frisky-Matron*.
Le Pin : depuis 1900.

JAFFA, P. S. A. (approuvé). — M. J. Prat.
Al. 1890. — France.
Par *Fra-Diavolo* et *Jujube*.
Le Pin : depuis 1901.

JOËL, P. S. A. — Bon de Soubeyran. S.B.F., t. X, p. 24.
Al. 1887. — France.
Par *Little-Duck* et *Jocosa*, par Fitz-Roland.
Le Pin : 1892. — Vendu à la Russsie en 1893.

JOUANCY, P. S. A. (approuvé). — M. J. Arnaud.
Bb. 1892. — Yonne.
Par *Fontainebleau* et *Sophiette*.
Le Pin : depuis 1899.

JULIUS-CŒSAR, P. S. A. S. B. F.. t. VIII. p. 49.
Cte Foy, 1885 ; Cte Le Marois.
Bb. 1873. — Angleterre.
Par *Saint-Albans* et *Julie*, par Orlando.
Saint-Lô : 1885. — Le Pin : 1889-1896.
Passé dans la circonscription du dépôt d'étalons
de Rosières-aux-Salines en 1897.

KOSROËS, P. S. A.   S.B.F., t. XI. p. 267.
M. le Cte Foy (Calvados).
Bb. 1892. — France.
Par *Cambyse* et *Kate II*, par Joskin.
Saint-Lô : depuis 1897.

KRAKATOA, P. S. A.   S.B.F., t. IX. p. 22.
Bon de Schickler. 1890. — H. N., 1891.
B. 1884. — France.
Par *Thunderbolt* et *Little-Sister*, par Hermit.
Saint-Lô : 1896. — Le Pin : 1891.

LAGRANGE, P. S. A.   S.B.F.. t. XII. p. 28.
M. E. Blanc (Hautes-Pyrénées). — H. N. en 1859.
B. 1890, chez M. E. Blanc.
Par *Energie* et *La Noue*, par le Petit-Caporal.
Sa grand'mère : Gertrude, par The Baron.
Tarbes : 1894-1898. — Le Pin : depuis 1899.

L'AMOUR, P. S. A. — H. N.   S.B.F.. t. XI. p. 414.
B. 1891. — Manche.
Par *Saltéador* et *Rose-d'Amour*, par Galopin.
Saint-Lô : depuis 1897.

LAUNAY, P. S. A. (approuvé). — Cte Le Marois.
Al. 1892. — France.
Par *The Bard* et *Lina*.
Le Pin : depuis 1900.

LAVARET, P. S. A. — Bon de Rothschild.   S.B.F.. t. IX. p. 22.
B. 1881. — France.
Par *Boïard* et *Laversine*, par Monarque.
Le Pin : 1887. — Mort en 1898.

LE CAPRICORNE, P. S. A.   S.B.F.. t. IX. p. 220.
Bonne de Bray (Seine-et-Oise). — Al. 1888. — France.
Par *Atlantic* et *La Dauphine*, par Doncaster.
Le Pin : depuis 1895.

LE CHESNAY, P. S. A.   S.B.F.. t. XI. p. 48.
M. Ed. Blanc. — Bb. 1889. — France.
Par *Energy* et *La Noue*, par Le Petit-Caporal.
Le Pin : 1894. — Vendu pour l'étranger. — S. R. depuis.

LE DESTRIER, P. S. A. S.B.F., t. VII, p. 18.
MM. P. Donon, 1887 ; Dousdebès.
Al. 1875. — France.
Par *Flageolet* et *La Dheune*, par Black-Eyes.
Le Pin : 1887. —Vendu à l'Allemagne en 1895.

LE FLAMBEAU, P. S. A. — H. N. S.B.F., t. XII, p. 413.
B. 1895, chez M. M. Ephrussi.
Par *Orme* et *La Flamme*, par Hagioscope.
Sa grand'mère : Brown-Bess, par Musket.
Sa bisaïeule : Celibacy, par Lord Clifden.
Saint-Lô : depuis 1899.

LE FORESTIER, P. S. A. S.B.F., t. IX, p. 399.
Bon de Rothschild. — B. 1888. — France.
Par *Foxhall* et *Victory II*, par Hermit.
Le Pin : 1892. — A quitté la circonscription. — S. R. depuis.

LE GOURZY, P. S. A. — H. N. 1892. S.B.F., t. XI, p. 18.
B. 1887. — France.
Par *Verdun* et *Sainte-Lucia*, par Rosicrucian.
Saint-Lô : 1892. — Réformé le 23 décembre 1898 et abattu.

LE HARDY, P. S. A. S.B.F., t. X, p. 48.
M. C. Blanc (Seine-et-Oise).
Al. 1888. — France.
Par *Saint-Louis* et *Albania*, par Saint-Albans.
Le Pin : depuis 1892.

LE LÉTHÉ, P. S. A. S.B.F., t. XI, p. 258.
Cte de Chènelette ; M. Hatin (Manche).
B. 1893. — France.
Par *Stuart* et *Isménie*, par Plutus.
Le Pin : 1897. — Castré et vendu à la remonte en 1899.

LE MALPROPRE, P. S. A. (approuvé).
M. Mallard, à Bayeux.
B. 1892. — France.
Par *Donny-Carney* et *Mons-Meg*.
Saint-Lô : depuis 1901.

LE MESNIL, P. S. A. (approuvé). — Bon J. de Varenne.
B. 1896. — France.
Par *Lord-Clive et Macarena*.
Le Pin : depuis 1900.

LE NICHAM II, P. S. A.   S.B.F., t. X. p. 228.
Bon de Rothschild (Calvados). — N. 1890. — France.
Par *Tristan* et *La Noce*, par Wellington.
Le Pin : depuis 1895.

LE PARMELAN, P. S. A. — M. Lazies. S.B.F.. t. X, p. 102.
Bb. 1889. — France.
Par *Lord-Clive* et *Catane*, par Dollar.
Le Pin : 1897. — S. R. depuis

LE POMPON, P. S. A. — M. Ed. Blanc. S.B.F., t. XI, p. 280.
B. 1891. — France.
Par *Fripon* et *La Foudre*, par The Scottish-Chief.
Le Pin : depuis 1896.

LE RHONE, P. S. A. — M. Hawes. S.B.F., t. XI, p. 19.
B. 1883. — France.
Par *Menars* et *La Risle*, par Vermouth.
Le Pin : depuis 1893.

LE ROI-SOLEIL, P. S. A. (approuvé). — Bon de Rothschild.
B. 1895. — France.
Par *Heaume* et *Mademoiselle-de-La-Vallière*.
Le Pin : depuis 1900.

LE SAGITTAIRE, P. S. A.   S.B.F., t. XI, p. 273.
M. le Cte de Ganay (Manche). — Al. 1892. — France.
Par *Le Sancy* et *La Dauphine*, par Doncaster.
Saint-Lô : depuis 1897.

LE SAMARITAIN, P. S. A. (approuvé). — M. le Cte Foy.
Gr. 1895. — France.
Par *Le Sancy* et *Clémentine*.
Saint-Lô : depuis 1900.

LE SANCY, P. S. A. S.B.F., t. VIII. p. 372.
Bon de Schickler (Manche).
Gr. 1881. — France.
Par *Atlantic* et *Gem-of-Gems*, par Strathconan.
Saint-Lô : depuis 1891.

LE SÉNATEUR, P. S. A. (approuvé). — M. Bedout.
Al. 1895. — France.
Par *Berenger* et *Farceuse*.
Le Pin : depuis 1900.

LE SODA, P. S. A. (approuvé). — Mme Lecourieux.
B. 1894. — France.
Par *Le Soda* et *Le Sabbat*.
Le Pin : 1899. — N'a pas fait la monte en 1899.
En 1900 a fait la monte dans la circonscription de Montier-en-Der.

LIBAROS, P. S. A. (approuvé).
M. A. Fould, Versailles (Seine-et-Oise).
Al. 1895. — France.
Par *Grand-Master* et *Lolle*.
Le Pin : depuis 1901.

LITTLE-DUCK, P. S. A. S. B. F., t. VIII, p. 32.
Bon de Soubeyran, 1890 : M. J. Lebaudy, 1895 ;
M. Chéri-Halbronn, 1898 ; M. Mauge.
B. 1881. — France.
Par *See-Saw* et *Light-Drum*, par Rataplan.
Le Pin : depuis 1890.

LŒFFLER, P. S. A. S. B. F., t. X, p. 28.
M. Desclos, 1892 ; M. Mauge, 1898.
B. 1885. — France.
Par *Westminster* et *Carpette*, par Kidder-Minster.
Le Pin : depuis 1892.

LONG-BOW, P. S. A. — H. N.
B. 1894. — Seine-et-Oise.
Par *The Bard* et *Old-Bow*.
Saint-Lô : depuis 1900.

LORD-CLIVE, P. S. A. — Bon Roger. S.B.F.., t. VII, p. 10.
Bb. 1875. — Angleterre.
Par *Lord-Clifden* et *Plunder*, par Buccaneer.
Le Pin : 1887. — Mort en 1896.

LUCILIO, P. S. A. — M. Boussod. S.B.F., t. X. p. 28.
Al. 1885. — Italie.
Par *Arc* et *Europa*, par Carlson.
Le Pin : 1892. — A quitté la circonscription.

LUNÉVILLE, P. S. A. — H. N.
Al. 1896. Manche.
Par *Florestan* et *Landrecies*.
Saint-Lô : depuis 1901.

LUTIN, P. S. A.   S.B.F., t. XII, p. 32.
MM. Caillault et Cie de Pourtalès (Orne).
Al. 1891, chez Mme la Bonne de Bray.
Par *Patriarche* et *Légitime*, par Don-Carlos.
Le Pin : depuis 1897.
(A fait la monte dans l'Oise en 1896).

LUTRIN, P. S. A. (approuvé).
M. le Bon de Bray, Pontoise (Seine-et-Oise).
Al. 1894. — France.
Par *Sorrento* et *Légitime*.
Le Pin : depuis 1901.

LYKAN, P. S. A. — H. N. S.B. F., t. XII. p. 116.
Al. 1894, chez M. Vivès.
Par *Rueil* et *Lisette II*, par Vignemale.
Sa grand'mère : Lucienne, par Le Mandarin.
Sa bisaïeule : Lucrèce, par Prétendant.
Saint-Lô : depuis 1899.

MADCAP, P. S. A.   S.BF.., t. X. p. 254.
M. Marghiloman (Seine-et-Oise).
Al. 1889. — France.
Par *The Bard* et *Malibran*, par Consul.
Le Pin : depuis 1895.

MAHMED-BEN-GANA, P. S. A.   S.B.F., t. XII, p. 32
M. A.-E. Dodge (Eure).
Al. 1889, chez M. E. Blanc.
Par *Energy* et *Michelette*, par Orphelin.
Le Pin : depuis 1898.

MALGACHE, P. S. A. — M. Petit-Leroy.   S.B.F., t. X, p. 29.
B. 1886. — France.
Par *Bariolet* et *Miss-Bowstring*, par Stafford.
Le Pin : 1892.
A fait la monte en 1898 et 1899 chez M. Guiraud (Hautes-Pyrénées).

MAMIANO, P. S. A. (approuvé). — Marquis de Triquerville.
Al. 1890. — France.
Par *Flavio* et *Régente II*.
Le Pin : depuis 1900.

MANOËL, P. S. A.   S.B.F., t. IX, p. 24.
Bon de Soubeyran, 1891 ; M. Holtzer, 1895.
B. 1880. — France.
Par *Flageolet* et *Vestale*, par Patricien.
Le Pin : 1891. — Mort en 1897.

MARDEN, P. S. A.   S.B.F., t. XII, p. 33.
S.B.A., t. XV, p. 30.
M. Chéri-Halbronn, 1896.
B. 1879, chez M. Chaplin (Angleterre).
Par *Hermit* et *Barchettina*, par Pelion.
Saint-Lô : 1896. — Mort en 1901.

MARGAUX, P. S. A. — H. N.
Al. 1895. — Orne.
Par *War-Dance* et *Madeira*.
Saint-Lô : depuis 1900.

MARSEILLAN, P. S. A. — H. N.   S.B.F., t. XII, p. 33.
B. 1892, chez M. J. Prat.
Par *Retreat* et *Martingale*, par Le Petit-Caporal.
Sa grand'mère : La Mouche, par Fitz-Gladiator.
Saint-Lô : 1898. — Mort le 4 avril 1898.

MARTIN-PÊCHEUR II. P. S. A.   S.B.F.. t. X, p. 31.
M. Cartier (Seine-et-Oise). — B. 1881. -- France.
Par *Dollar* et *Schooner*, par Father-Thames.
Le Pin : depuis 1892.

MASQUÉ, P. S. A. (approuvé). — M. Edmond Blanc.
B. 1894. — France.
Par *Tyrant* et *Maskery*.
Le Pin : depuis 1899.

MAXICO, P. S. A. — M. Hawes (Seine. S.B.F., t. IX, p. 25.
Al. 1884. — France.
Par *Narcisse* et *Mab*, par Strathconan.
Le Pin . 1899. — Mort en 1899.

MAZEPPA, P. S. A. (approuvé).
M. Le Marchand, Valognes (Manche).
Bb. 1896. — France.
Par *Narcisse* et *Lavande*.
Saint-Lô : depuis 1901.

MÉDICIS, P. S. A.   S.B.F.. t. X. p. 316.
Bon de Rothschild (Calvados).
Al. 1890. — France.
Par *Robert-the-Devil* et *Skotzka*, par Blair-Athol.
Le Pin : depuis 1897.

MEDIUM, P. S. A. — M. le prince Murat. S.B.F.. t. X. p. 273.
B. 1890. — France.
Par *Maskelyne* et *Miss-Cecil*, par Don-Carlos.
Le Pin : 1890-1895.
Passé dans la circonscription du dépôt d'étalons d'Hennebont en 1896.

MIGNON, P. S. A. — M. Dousdebès.   S.B.F.. t. X, p. 248.
B. 1890. — France.
Par *Souci* et *Lyonesse*, par Lord-Lyon.
Le Pin : depuis 1896.

MIGUEL, P. S. A. (approuvé). — M. Delamarre.
N. 1886. — France.
Par *Fernandez* et *Cheam-Cheese*.
Le Pin : depuis 1900.

MIROIR-DE-PORTUGAL, P. S. A.   S.B.F., t. IX, p 177.
M. Holtzer. — Gr. 1888. — France.
Par *Atlantic* et *Gem-of-Gems*, par Strathconan.
Le Pin : 1895-1898.
Passé dans la circonscription du dépôt d'étalons de Compiègne en 1899.

MONARQUE, P. S. A.   S.B.F., t. IX p. 26.
M. P. Aumont (Calvados). — B. 1884. — France.
Par *Saxifrage* et *Destinée*, par Ruy-Blas.
Le Pin : depuis 1890.

MONTAGNARD, P. S. A. — H. N.   S.B.F., t. XII, p. 36.
B. 1893, chez M. P. Aumont.
Par *Monarque* et *Herriue*, par Meurle.
Sa grand'mère : Minerve, par Orphelin.
Saint-Lô : 1898. — Réformé le 6 août 1898 et abattu.

MONTGEROULT, P. S. A.   S.B.F., t. X, p. 31.
MM. Baresse, 1892 ; C. Forcinal, 1893.
Al. 1884. — France.
Par *Patriarche* et *La Hauteville*, par Tournament.
Le Pin : 1892-1893. — S. R. depuis.

MONTJOYE, P. S. A. (approuvé). — M. Camille Blanc.
Al. 1894. — France.
Par *Stuart* et *Venise*.
Le Pin : depuis 1899.

MOULAT, P. S. A. (approuvé). — M. X. Balli.
Al. 1892. — France.
Par *Bay-Archer* et *Mytilène*.
Le Pin : depuis 1899.

NARCISSE, P. S. A.   S.B.F., t. VII, p. 23.
MM. de Berteux ; Cte Le Marois ; J. Lebaudy ;
M. le Cte de Fels (Seine-et-Oise).
B. 1876. — France.
Par *Trocadéro* et *Julia-Peel*, par Amsterdam.
Le Pin : 1884. — Saint-Lô : depuis 1892.
(N'a pas fait la monte de 1893 dans la circonscription de Saint-Lô).

NAUTILUS, P. S. A. — M. J. Foret.   S.B.F., t. XI, p. 22
Al. 1883. — France.
Par *Nougat* et *Musette*, par Flageolet.
Le Pin : 1893-1894.
Passé dans la circonscription du dépôt d'étalons de Perpignan en 1895.

NEDJIM, P. S. Ar. (approuvé). — M. Passéga, à Bayeux.
Gr. 1895.
De race *Kenhey-Leu-El-Adjouz*.
Saint-Lô : depuis 1901.

NIGAUD, P. S. A. — H. N.   S.B.F., t. XI, p. 361.
Al. 1891. — Oise.
Par *Fra-Diavolo* et *Nérina*, par Thunderbolt.
Saint-Lô : depuis 1897.

NIP-NIP, P. S. A. — M. Fontenier (Manche).   S.B.F., t. X, p. 215.
B. 1889. — France.
Par *Ladisias* et *Nuncia-Jeune*, par Trombone ou Foudre-de-Guerre.
Saint-Lô : depuis 1897.

NOUGAT, P. S. A.   S.B.F., t. V, p. 16.
M. Cartier, 1892 ; M. Maurice Ephrussi, 1895.
B. 1872. — France.
Par *Consul* et *Nébuleuse*, ex-*Belle-de-Jour*, par Gladiator.
Le Pin : 1878 — Mort en 1895.

OLD-BRIDGE, P. S. A.   S.B.F., t. IX, p. 307.
M. Bisson (Seine-et-Oise).
B. 1886. — France.
Par *Clotaire* et *Old-Maid*, par Knight-of-the-Garter.
Le Pin : 1896. — Mort en 1900.

OLMUTZ, P. S. A. — H. N.   S.B.F., t. XII, p. 38.
Bb. 1893, chez M. le Vte d'Harcourt.
Par *Gulliver* et *Osberga*, par Sterling.
Sa grand'mère : King-Tom-Mare, issue de Bay-Middleton-Mare.
Le Pin : depuis 1898.

OMNIUM II, P. S. A. — M. de Saint-Alary. S.B.F., t. XII, p. 38.
Al. 1892, chez M. Th. Dousdebès.
Par *Upas* et *Bluette*, par Wellingtonia et Blue-Serge, par Hermit.
Le Pin : 1898-1899. — Mort en 1900.

ORCHID, P. S. A. — H. N. S.B.F., t. VIII, p. 25.
Al 1882. — Angleterre.
Par *Hampton* et *Lady-Lavender*, par Master-Fenton.
Le Pin : 1886. — Passé au dépôt de Saintes le 25 décembre 1896.

OUDON. P. S. A. — M. Desclos. S.B.F., t. X, p. 298.
B. 1890. — France.
Par *Bruce* et *Opportune*, par Vertugadin.
Le Pin : 1897-1898.
Passé dans la circonscription d'Hennebont en 1899.

PALMISTE, P. S. A. S.B.F., t. XII, p. 39.
Cte de Feis (Seine-et-Oise).
Gr. 1894. chez M. le Bon de Schickler.
Par *Le Sancy* et *Perplexité*, par Perplexe.
Le Pin : depuis 1898.

PAPILLON, P. S. A. — M. R. Pascal. S.B.F., t. XI, p. 24.
B. 1886. — France.
Par *Saxifrage* et *Esmeralda*, par Nuncio.
Le Pin : 1893. — Vendu en 1895.

PARASOL, P. S. A. (approuvé). — M. Abeille.
B. 1894. — France.
Par *Rueil* et *Pyrale*.
Le Pin : depuis 1900.

PARSIFAL, P. S. A. — H. N. S.B.F., t. X, p. 303.
B. 1891. — France.
Par *Xaintrailles* et *Pandemonium*, par Pell-Mell.
Saint-Lô : 1894. — Réformé le 9 décembre 1899. — Castré.

PASTISSON, P. S. A. S.B.F., t. X, p. 305.
Mme la Ctesse Le Marois. — B. 1890. — France.
Par *Saint-Cyr* et *Pastèque*, par Marksman.
Saint-Lô : depuis 1896.

PATRE, P. S. A.   S.B.F.; t. VII, p. 24.
Mis du Hallay (Le Pin). — M. G. Delettrez, 1893.
M. Le Marchand, 1896 (Manche).
Al. 1878. — France.
Par *Peut-Etre* et *Printanière*, par Chattanooga.
Le Pin : 1884. — Saint-Lô : 1893. — Réformé en 1899.

PEPPER-AND-SALT, P. S. A.   S.B.A., t. XVI, p. 370.
M. Halbronn. — Gr. 1882. — Angleterre.
Par *The Rake* et *Oxford-Mixture*, par Oxford.
Le Pin : 1898. — Passé dans la circonscription du dépôt d'étalons
de Compiègne en 1899.

PÉRÉKOP, P. S. A. — H. N.   S.B.F., t. XII, p. 40.
Al. 1892, chez M. Michel Ephrussi.
Par *Gamin* et *La Papillonne*, par Trocadéro.
Sa grand'mère : Dulcinée, par Gladiator.
Saint-Lô : 1898. — Réformé le 7 août 1901 après la monte.

PERTH, P. S. A. (approuvé).
M. Caillault, à Alençon (Orne).
B. 1896. — France.
Par *War-Dance* et *Primrose-Dame*.
Le Pin : depuis 1901.

PILOTE, P. S. A.   S.B.F., t IX, p. 324.
M. Fontenier (Manche).
Al. 1886. — France
Par *Bay-Archer* et *Picciola*, par Rémus.
Saint-Lô : depuis 1896.

POLYGONE, P. S. A.   S.B.F., t. XI, p. 126.
M. le Cte Dauger (Eure).
B. 1891. — France.
Par *Xaintrailles* et *Brienne*, par Dollar.
Le Pin : 1895-1899.
Passé dans la circonscription du dépôt d'étalons de Blois
pendant le cours de la monte de 1899.

PORTUGAL, P. S. A. — H. N. S.B.F., t. XII, p. 41.
B. 1892, chez M. P. Aumont.
Par *Saxifrage* et *Verveine*, par Mourle.
Sa grand'mère : Camerino-Mare, issue de Klarnet, par De-Clare.
Le Pin : depuis 1897.

POURTANT, P. S. A. S.B.F., t. VIII, p. 503.
M. Michel Ephrussi. — Al. 1886. — France.
Par *Saxifrage* et *La Papillonne*, par Trocadéro.
Le Pin : depuis 1891.

PRÉ-CATELAN, P. S. A. — M. C. Blanc. S.B.F., t. X, p. 36
B. 1887. — France.
Par *Greenback* et *Prenez-Garde*, par Flageolet.
Le Pin : 1892. — Vendu aux haras, dépôt d'Angers.

PRÉ-EN-PAIL, P. S. A. S.B.F., t. XII, p. 41.
M. Tirard ; Mme Baret (Calvados).
B. 1886. — France.
Par *Verdun* et *Pâquerette*, par Ivanoff.
Saint-Lô : 1892. — Le Pin : en 1899.

PRÉTENDANT II, P. S. A. S.B.F., t. XI, p. 25
M. Dousdebès.
B. 1888. — France.
Par *Energy* et *Porcelaine*, par Cymbal.
Le Pin : 1893. — Vendu. — S. R. depuis.

PROLOGUE, P. S. A. — Mis Maison. S.B.F., t. VII, p. 26.
Al. 1876. — France.
Par *Dollar* et *Planète*, par Gladiateur.
Le Pin : 1891. — A quitté la circonscription en 1895.

PROPHÈTE, P. S. A. — Mis de Tracy. S.B.F., t. XI, p. 26.
B. 1886. — France.
Par *Faisan* et *Prospérité*, par Perplexe.
Le Pin : 1894.
Passé dans la circonscription du dépôt de Cluny (Allier) en 1895
et castré après la monte de 1898.

PUCHERO, P. S. A. S.B.F., t. XI, p. 26.
Ctesse Le Marois (Manche).
B. 1887. — France.
Par *Perplexe* et *Japonica*, par See-Saw.
Saint-Lô : depuis 1893.

PULL-TOGETHER, P. S. A.   S.B.A., t. XV, p. 378.
Bon de Bray.
B. 1885. — Angleterre.
Par *See-Saw* et *Panada*, par Newminster.
Le Pin : 1897. — Vendu en 1897. — S. R. depuis.

PYTHAGORAS, P. S. A.   S.B.A., t. XVI, p. 324.
M. de Saint-Alary (Calvados).
Al. 1884. — Angleterre.
Par *Kingcraft* et *Migration*, par Trumpeter.
Le Pin : 1896-1899. — Parti en Russie en 1899.

QUIRINAL, P. S. A. (approuvé).
M. Lenoir, Avranches (Manche).
B. 1896. — France.
Par *Clairon* et *Queen-of-the-Vixens*.
Saint-Lô : depuis 1901.

RAFFAELLO, P. S. A. — M. Dousdebès.   S.B.F., t. XI, p. 26.
Al. 1881. — Angleterre.
Par *Hermit* et *Faraway*, par Y. Melbourne.
Le Pin : 1894. — Vendu en 1895 et castré.
A fait la monte de 1895.

RAILLEUR, P. S. A. (approuvé). — M. Wysocki (Orne).
Al. 1895. — France.
Par *Mirabeau* et *Raymonde*.
Le Pin : depuis 1901.

RANES, P. S. A. — M. H. Say. — H. N.   S.B.F., t. XI, p. 26.
B. 1889. — France.
Par *Bruce* et *Rigodon*, ex-*Republic*, par Kaiser.
Le Pin : depuis 1893.

RÉGENT, P. S. A.   S.B.F., t. X, p. 35.
MM. Cte Le Marois, 1892 ; Roche, 1893 ; Teisset, 1895 ;
M. Mange (Seine-et-Oise).
B. 1886. — France.
Par *Plutus* et *Rêverie*, par Marignan.
Saint-Lô : 1892. — Le Pin : depuis 1893.
Passé dans l'Ain en 1899.

REGRET, P. S. A. (approuvé). — M. Delamarre
Al. 1895. — France.
Par *Grandmaster* et *Riante*.
Le Pin : depuis 1899.

REMINDER, P. S. A. — H. N.
B. 1891. — Angleterre.
Par *Mélanion* et *Postscript*.
Le Pin : depuis 1901.

REMIREMONT, P. S. A.   S.B.F., t. X, p. 204.
M. Pierre, 1895 (Calvados).
B. 1891. — France.
Par *Border-Minstrel* et *Trocadisette*, par Trocadéro.
Saint-Lô : depuis 1895.

RETREAT, P. S. A. — M. Ed. Blanc.   S.B.F., t. XIII, p. 366.
B. 1877. — Angleterre.
Par *Hermit* et *Quick-March*, par Rataplan.
Le Pin : 1890. — Parti en Angleterre en 1892.

REVEREND, P. S. A.   S.B.F., t. XI, p. 27.
M. Ed. Blanc (Seine-et-Oise).
B. 1888. — France.
Par *Energy* et *Rêveuse*, par Perplexe.
Le Pin : 1894. — Parti en Russie en 1900.

REVIGNY, P. S. A. (approuvé). — M. Pierre, à Caen (Calvados).
B. 1895. — France.
Par *Clairon* et *Trocadisette*.
Saint-Lô : depuis 1901.

RICHELIEU, P. S. A.   S.B.F., t. IX, p. 32.
M. Michel Ephrussi.
Al. 1881. — France.
Par *Trocadéro* et *Reine-de-Saba*, par Orphelin.
Le Pin : depuis 1888.

RIO-TINTO, P. S. A. — H. N.   S.B.F., t. XI, p. 409.
B. 1892. — Eure.
Par *The Condor* et *Rigodon*, par Kaiser.
Saint-Lô : depuis 1897.

ROCKHAMPTON, P. S. A. (autorisé).
M. Henri Hawes, Paris.
B. 1889.
Par *Hampton* et *Winifre*.
Le Pin : depuis 1901.

ROMARIN, P. S. A. — H. N. S.B.F., t. X, p. 386.
B. 1890. — France.
Par *Little-Duck* et *Rosie*, par Rosicrucian.
Saint-Lô : 1894. — Réformé le 6 août 1898 et abattu.

ROTTEN-ROW, P. S. A. S.B.A., t. XI, p. 391.
 S.B.F., t. XI, p. 28.
M. Hatin, 1894.
Al. 1887. — Angleterre. — Importé en 1893.
Par *Peter* et *Piccadilly*, par Breakness.
Saint-Lô : 1894. — Réformé en 1898.

RUEIL, P. S. A. — H. N. S.B.F., t. XI, p. 28.
Al. 1889. — France.
Par *Energy* et *Rêveuse*, par Perplexe.
Le Pin : 1894. — Acheté par l'administration des Haras depuis 1899.

RULLY, P. S. A. (autorisé). S.B.F., t. XII, p. 45
M. Nechitch (Seine-et-Oise).
Al. 1892, chez M. Quint.
Par *Florestan* et *Atalante*, par Patriarche.
Le Pin : 1898-1899. — S. R. depuis.

SAGACITY, P. S. A. S.B.F., t. XII, p. 45
M. de Saint-Alary ; M. Le Gonidec, 1898.
B. 1888. — Angleterre.
Par *Wisdom* et *Rosalind*, par Rosicrucian.
Le Pin : 1894-1898. — Mort en 1898.

SAINT-CLOUD, P. S. A. (autorisé). S.B.F., t. XII, p. 46
Cte de Malherbe (Orne).
Al. 1888, chez M. E. Blanc.
Par *Energy* et *Satania*, par Dollar.
Le Pin : 1898. — Passé en Maine-et-Loire en 1899.

SAINT-DAMIEN, P. S. A.   S.B.A., t. XVII, p. 151.
M. G. Dreyfus (Seine-et-Oise).
B. 1889. — Angleterre.
Par *Saint-Simon* et *Distant-Shore*, par Hermit.
Le Pin : depuis 1894.

SAINT-GERMAIN, P. S. A. — M. de Biré. S.B.F., t. XI, p. 752.
N. 1886. — France.
Par *Saint-Louis* et *Lady-Clara*, par Blair-Athol.
Le Pin : 1894. — Vendu à la Russie en 1895.

SAINT-KENELM, P. S. A. (approuvé).
M. Falguières, Rambouillet (Seine-et-Oise).
Bb. 1896.
Par *Saint-Simon* et *Kenegie*.
Le Pin : depuis 1901.

SAINT-LAURENT, P. S. A.   S.B.F., t. IX, p. 33.
M. Bonpain ; M. Furon, 1896 (Calvados).
B. 1879. — France.
Par *Boïard* et *Cataract*, par North-Lincoln.
Saint-Lô : 1884. — Mort en 1899.

SAINT-LUC, P. S. A.   S.B.F., t. IX, p. 33.
M. P. Aumont (Calvados).
B. 1884. — France.
Par *Mourle* et *Bariolette*, par Orphelin.
Le Pin : depuis 1890.

SAINT-MICHEL, P. S. A. — M. H. Say.   S.B.F., t. XI, p. 28.
B. 1889 — France.
Par *The Bard* et *Sainte-Cecilia*, par Hermit.
Le Pin : 1894. — Réformé en 1898.

SAINT-PAIR-DU-MONT, P. S. A.   S.B.F., t. XI, p. 28.
H. N.
B. 1887. — France.
Par *Beauminet* et *Carmélite*, par Le Petit-Caporal.
Saint-Lô : depuis 1893.

SATORY, P. S. A. — M. P. Aumont.   S.B.F., t. VIII, p. 20
Al. 1880. — France.
Par *Trocadéro* et *Reine-de-Saba*, par Orphelin.
Le Pin : 1886. — Mort en 1897.

SATYRE, P. S. A. — Bon de Rothschild.   S.B.F., t. XI, p. 752.
Al. 1890. — France.
Par *Wellingtonia* et *Serena*, ex-*Marguerite*, par Faust.
Le Pin : 1894-1897.
Passé à Tarbes en 1898, chez M. de Monda (Hautes-Pyrénées).

SAXIFRAGE, P. S. A.   S.B.F., t. V, p 19
M. P. Aumont (Calvados).
Al. 1872. — France.
Par *Vertugadin* et *Slapdash*, par Armandale.
Le Pin : 1878. — Mort en 1900.

SCOTLAND, P. S. A. (approuvé). — M. Michel Ephrussi.
B. 1892. — France.
Par *Barcaldine* et *Lord-Lyon* mare.
Le Pin : depuis 1899.

SIMONIAN, P. S. A.   S.B.F., t. XII, p. 49
M. P. Aumont (Calvados).
B. 1888, chez M. W.-R. Marshall (Angleterre).
Importé en 1896.
Par *Saint-Simon* et *Garonne*, par Silvio.
Le Pin : depuis 1897.

SOLITAIRE, P. S. A.   S.B.F., t. XII. p. 1096.
Melle Mars-Brochard (Seine).
Al. 1892, chez M. P. Aumont.
Par *Fra-Diavolo* et *Sauterelle*, par Saxifrage.
Le Pin : depuis 1898.

SON-O'MINE, P. S. A.   S.B.F., t. XII. p. 49.
S.B.A., t. XVII, p. 13.
Cte Foy (Calvados)
B. 1891, chez Lord Durham (Angleterre).
Par *Isonomy* et *Alibech*, par Hermit et Musket mare.
Saint-Lô : 1898-1899.
Passé dans la circonscription du dépôt d'étalons de Compiègne (Oise)
en 1900.

SORCERER, P. S. A. (approuvé). — M. Halbronn.
B. 1889.
Par *Ormonde* et *Crucible*.
Le Pin : depuis 1899.

SORRENTO, P. S. A.   S.B.F., t. X, p. 41.
Bonne de Bray (Seine-et-Oise).
B. 1884. — Angleterre.
Par *Springfield* et *Napoli*, par Macaroni.
Le Pin : depuis 1892.

STRACCHINO, ex-**STRACHINO**,   S.B.F., t. VII, p. 31.
P. S. A.
Bon de Rothschild, 1880 ; M. Lepargneux, 1892.
B. 1874. — France.
Par *Parmesan* et *Old-Maid*, par Robert-de-Gorham.
Le Pin : 1880. — Saint-Lô : 1892. — Mort en 1897.

STRATHPEFFER, P. S. A.   S.B.F., t. XI, p. 30.
M. Halbronn, 1892 ; Bonne de Bray, 1899.
Gr. 1887. — Angleterre.
Par *Barcaldine* et *Strathcarron*, par Strathconan.
Le Pin : 1893-1898.
Passé dans la circonscription du dépôt d'étalons de
Tarbes (Hautes-Pyrénées) en 1899.

STUART, P. S. A.   S.B.F., t. IX, p. 85.
M. P. Donon, 1890 ; M. C. Blanc (Seine-et-Oise).
Al. 1885. — France.
Par *Le Destrier* et *Stockausen*, par Stockwell.
Le Pin : depuis 1890.

STYX, P. S. A.   S.B.F., t. X. p. 345.
Bon de Rothschild (Calvados).
B. 1891. — France.
Par *Tristan* et *Simonne*, par Galopin.
Le Pin : depuis 1897.

SUCRE-D'ORGE, P. S. A. — H. N.   S.B.F., t. XI, p. 31.
Al. 1887. — France.
Par *Plutus* et *Virginie 11*, par Revigny.
Le Pin : 1892. — Passé au dépôt de Blois en 1900.

SULTAN II, P. S. A. — M. Donon.   S.B.F., t. VII, p. 226.
B. 1886. — France.
Par *Le Destrier* et *Countess-of-Salisbury*, par Knight-of-the-Garter.
Le Pin : 1891. — Vendu aux haras nationaux en 1892.
Fait la monte à la Roche-sur-Yon.

SUREFOOT, P. S. A. (approuvé).
M. le prince Pierre d'Arenberg.
B. 1887. — Angleterre.
Par *Wisdom* et *Galopin mare*.
Le Pin : depuis 1901.

SURVILLIERS, P. S. A.   S.B.F., t. XI, p. 441.
Bon de Rothschild.
Al. 1891. — France.
Par *Archiduc* et *Sugar-Plum*, par Plum-Pudding.
Le Pin : 1896. — S. R. depuis 1900.

SYDNEY, P. S. A. — M. Auvray.   S.B.A., t. IX, p. 63.
Al. 1888. — France.
Par *Saxifrage* et *Australie*, par Trocadéro.
Le Pin : 1895. — Mort en 1898.

TAYAUT II, P. S. A. (approuvé). — M. G. Bisson.
B. 1892. — France.
Par *Patriarche* et *Cassiopée*.
Le Pin : depuis 1900.

THE BARD, P. S. A.   S.B.F., t. VIII, p. 33.
M. Say (Seine-et-Oise).
Al. 1883. — Angleterre.
Par *Petrarch* et *Magdalene*, par Syrian.
Le Pin : depuis 1887.

THE CONDOR, P. S. A. — H. N.   S.B.F., t. VIII, p. 31.
B. 1882. — France.
Par *Dollar* et *Charmille*, par The Nabob.
Le Pin : depuis 1887.

THE MINSTREL, P. S. A.   S.B.F., t. IX, p. 262.
M. le Cte Foy (Calvados).
Al. 1888. — France.
Par *The Bard* et *Malibran*, par Consul.
Saint-Lô : depuis 1896.

— 247 —

TOASTMASTER, P. S. A.   S.B.A., t. XV, p. 290.
M. Delamarre (Orne).
Bb. 1877. — Angleterre.
Par *Brow-Bread* et *Mayoress*, par The Marquis.
Le Pin : 1896-1899.
Passé dans la circonscription du dépôt d'étalons
de Blois (Indre-et-Loire) en 1900.

TOURNESOL, P. S. A.   S.B.F., t. XII, p. 52.
M. le Cte J. de Ganay. —, H. N. en 1899.
B. 1890, chez M. le Bon de Sichckler.
Par *Le Destrier* et *Perplexité*, par Perplexe.
Sa grand'mère : King-Tom mare, issue de Mincemeat,
par Sweetmeat.
Saint-Lô : depuis 1898.

TOURNE-TOUJOURS, P. S. A.   S.B.F., t. XII, p. 52.
Mlle de la Hodde; Mme Baret.
B. 1891 — France.
Par *Mourle* et *Toupie*, par Saxifrage.
Saint-Lô : 1897. — Le Pin : 1899. — Vendu en 1901.
Passé dans l'Orne en 1901 après la monte.

TRAJAN, P. S. A.   S.B.F., t. X, p. 350.
M. Dousdebès (Seine-et-Oise).
B. 1889. — France.
Par *Julius-Cæsar* et *Teacher*, par Blinkhoolie.
Le Pin : depuis 1893.

UPAS, P. S. A. — Cte de Berteux (Calvados).   S.B.F., t. IX, p. 37.
Al. 1883. — France.
Par *Dollar* et *Rosemary*, par Skirmisher.
Saint-Lô : depuis 1889.

UTRECHT, P. S. A. — H. N.   S.B.F., t. IX, p. 37.
Al. 1883. — France.
Par *King-Lud* et *Ortolan*, par Saunterer.
Saint-Lô : depuis 1887.

VAUCOULEURS, P. S. A. — H. N.
Al. 1893. — Calvados.
Par *Border-Minstrel*, P. S. A., et *Sarigue*, P. S. A.
Le Pin : depuis 1900.

VERACITY, ex-**FROMAGE**, P. S. A.   S.B.F., t. XII, p. 58.
M. Perrin (Seine-et-Oise) ; Vte de Bari.
B. 1888, chez M. L. Rocher.
Par *Chitré* et *Ninette*, par Earl-of-Dartrey.
Le Pin : depuis 1898.

VIERZA, P. S. A. — M. Tirard, 1891.   S.B.F., t. IX. p. 239.
H. N., 1893.
Al. 1886. — France.
Par *Reggio* et'*La Vengeance*, par Pace.
Saint-Lô : 1891-1892.
Non présenté en vue de la monte de 1893. — S. R. depuis.

VIGILANT, P. S. A.   S.B.F., t. VIII, p. 33.
M. Delamarre (Orne).
B. 1879. — France.
Par *Vermouth* et *Virgule*, par Saunterer.
Le Pin : depuis 1884.

WAR-DANCE, P. S. A.   S.B.F., t. X, p. 45.
M. M. Ephrussi (Orne).
B. 1887. — France.
Par *Gaillard* et *War-Paint*, par Uncas.
Le Pin : depuis 1892.

WINKFIELD'S-PRIDE, P. S. A. (approuvé).
M. Edmond Blanc.
Al. 1893. — Angleterre.
Par *Winkfield* et *Alimony*.
Le Pin : depuis 1899.

WOLSEY, P. S. A. (autorisé 1897).   S.B.A., t. XV, p. 57.
M. Halbronn.
B. 1880. — Angleterre.
Par *Hampton* et *Bright-Light*, par Breadalbane.
Le Pin : 1897. — Parti en Italie en 1898.

XAINTRAILLES, P. S. A.   S.B.F., t. VIII, p. 33.
M. Lupin, 1887 ; M. R. Lebaudy, 1894.
Al. 1882. — France.
Par *Flageolet* et *Déliane*, par The Flying-Dutchman.
Le Pin : 1887. — Parti en Hongrie en 1897.

YANTHIS, P. S. A. (approuvé).
M. Michel Ephrussi, à Dangu (Eure).
Al. 1894. — France.
Par *Gamin* et *Yolande*.
Le Pin : depuis 1901.

ZÉPHIR, P. S. A. (autorisé). — M. Grardel. S.B.F., t. IX, p. 266
B. 1888. — France.
Par *King-Lud* et *Mantille*, par Dollar.
Le Pin : 1891. — Vendu en 1897.

ZINGARO, P. S. A. S.B.F., t. XI, p. 34.
Cte de Berteux (Calvados).
B. 1888. — France
Par *King-Lud* et *Dalnamaine*, par Thormanby.
Le Pin : depuis 1893.

ZUT, P. S. A. — H. N. S.B.F., t. VI, p. 29
Al. 1876. — France.
Par *Flageolet* et *Régalia*, par Stockwell.
Le Pin : 1881.
Passé au dépôt d'étalons de Saintes en décembre 1898.

TABLE ALPHABETIQUE

TABLE ALPHABÉTIQUE

A

	Pages.		Pages.
Abdel-Kader	23	Apex	182
Accapareur, ex - Gros		Aquarius	182
Paul	181	Arab	182
Acquila	23	Aramis	24
Agriculteur	23	Arbacès	182
Ajax	24	Archibald, ex-Apollon	24
Alger	181	Arlequin	182
Algérien	24	Arrosage	182
Alguazil	181	Artisan	182
Alhambra	181	Assuérus	182
All-Fours III	173	Augure	183
Allo	181	Austral	183
All-Round	173	Aror	183
Ambitious-Boy	173		

B

	Pages.		Pages.
Baccarat	24	Biceps	184
Bainton-Rufus	173	Black-Burn	174
Ballu	183	Bleedelow	174
Balsamo	183	Blue-Green	184
Balzan	183	Bocage	184
Barbe-Bleue	183	Boiador	184
Barberousse	24	Boissy	185
Barbillon	183	Border Minstrel	185
Bariolet	184	Boule-Dog	185
Barrabas	24	Bourdigal	185
Basile	184	Bravo	25
Beaujolais	184	Brest	185
Begonia	184	Brio	185
Beston	25	Brisley-Gentleman	174

	Pages.		Pages.
Broxton	185	Buridan	25
Bruce	185	Bury-Squire	174
Brutus	186	Bury-Stanley	174
Buffalo-Bill II	186		

C

Caballero	186	Chitré	188
Calambac	25	Cicéron II	26
Callistrate	186	Clairon	188
Cambacérès	25	Clamart	188
Camembert	25	Clamor	188
Carafon	186	Clover	188
Cash	174	Cluny	188
Castor	186	Colporteur	26
Catapan	186	Compagnon II	188
Caudeyran	187	Content	26
Censeur	25	Coq-à-l'âne, par Intègre	26
Chalet	187	Coq-à-l'âne, par Lavater	26
Chamberlin	187	Coquet	27
Chandernagor	187	Corail	189
Chapeau-Chinois	187	Cordebugle	27
Charlemagne	187	Corncrake	174
Chelsea	187	Cotentin	189
Chêne-Royal	187	Craddock	174
Cherbourg	26	Crispin	189
Chesterfield	188	Cyrus	189

D

Dacapo	27	Diplomate, ex-Dragon	28
Danicheff	189	Docteur	29
Daniel	27	Dollar	29
Danseur	27	Dolma-Bagtché	189
Défendu	27	Domingo	190
Dégagé	27	Domino, par Union-Jack	29
Delaware, ex-Dauphin	28	Domino	29
Delille	28	Domino-Noir	29
Diadème	28	Don-Quichotte	29
Dictateur, par Conquérant	28	Dourak	190
Dictateur, par Normand	28	Dourille	29
Dictator	189	Duilius	190
Diégo	189		

E

Edouard III	190	Echec, ex-Eminent	30
Ecarté	29	Echo	30

— V —

	Pages.		Pages.
Eclaireur, par Bucéphale.	30	Epi-d'Or	31
Eclaireur, par Serpollet Bai ou Marignan	30	Epsom	31
Ecran	30	Escar	32
Ecueil	30	Espoir-de-Rouvres et Ouargla	191
Edimbourg	30	Estèphe, ex-Emir	32
Edredon	30	Etendard	191
Egmont	30	Etigny	32
Elan	31	Etincelant	32
El Batidor	31	Etna	32
Email	190	Etranger	32
Emouchet	31	Etudiant	32
Entre-Chat	190	Eveillé, ex-Emule	32
Eole	190	Excelsior	174
Epatant II	31	Exchequer	175
Epi	191	Express	33
	31		

F

Facteur	33	Follet	34
Faisan P.S.A.	191	Fontainebleau	34
Faisan	33	Fontenay	34
Faneur	191	Forban, ex-Fondateur	35
Farnèse, ex-Franc-Cœur.	33	Forban	35
Faro	33	Forest-Chief	175
Fataliste	191	Forest-Dancer	192
Favori, par Macouba	33	Forester	175
Favori, par Acquila	33	Fourire	193
Fergus	191	Fousi-Yama	193
Féliche	191	Fra-Angelico	193
Fier-à-Bras	34	Fra-Diavolo	193
Financier	34	Francisque	35
Fin Bois	192	Franklin	35
Fitz-Hampton	192	Fred-Archer	35
Flacon	192	Free-Lance	175
Fleurissant	192	Frein	35
Floréal	192	Fripon	35
Floridor,	34	Frondeur	35
Floridor, ex-Franciscain.	34	Fumet	36
Florizel	192	Furieux	36
Flying-Fox	192	Fuschia	36

G

Gagny	193	Gallien	36
Galant II	36	Galway	194
Galba	36	Gambler	194
Galeazzo	193	Gangway	194

Pages.

Gascon II 194
Gastadour 36
Gaveston 37
Gay-Danegell 175
Général-Albert 194
Georges 37
Gerardmer 37
Germinal 37
Geronte 194
Gibraltar 37
Gitano 37
Glaneur, par Cherbourg. 37
Glaneur, par Valdem-
    pierre 38
Glencairn 175
Goldoni 194
Gondolier 38
Gonzague, ex-Garçonnet. 38

Pages.

Gorenflot, P.S.A. 195
Gorenflot 38
Gospodar 195
Gosport 195
Gorune 175
Goudron, ex-Gaëtan 38
Gournay 195
Gouvernail 195
Grand-Maître 38
Grand-Prior 195
Granier 38
Grec 39
Greenwich-Time 175
Grisolet 195
Guardi 196
Guerroyeur 39
Gygès 196

H

Hadji 176
Hadgy II 39
Hading, ex-Horace 39
Halifax 39
Hallali 39
Hallencourt 39
Ham 196
Handam-Semri 196
Hardy 40
Harfleur 40
Harley 40
Harmonieux 40
Harold 40
Hautain 40
Haut-Vol, ex-Hécla 40
Havas, ex-Hardi 41
Heaume 196

Hécla 41
Hercule-Normand 41
Héritier 41
Hermann 41
Hérode 42
Héron 42
Hetman 42
Hexamètre, ex-Harcourt. 42
Hight 42
Himalaya 42
Homard 43
Honorable 43
Hospodar 196
Humewood 43
Hunald 43
Hysope 43

I

Iambe, ex-Ibis 43
Ibis, par Bataclan IV.. 43
Ibis, par Lavater...... 43
Idéal 44
Idoine 44
Idus 196
If 44

Igor 44
Illustre 44
Ilot, par Ilot 44
Ilot, par Phaéton...... 45
Ilote 45
Impatient 45
Imposteur, ex-Incitatus II 196

	Pages.		Pages.
Improver	176	Intrigant	46
Incandescent, ex-Inter-prète	45	Ionien	46
Inconstant	45	Irkoutsk	197
Indo-Chine	45	Isard	46
Ingambe	45	Isigny, P.S.A.	197
Intendant	46	Isigny	47
Intérim	46	Ismaël	197
International	46	Ispahan	47
Intrépide	46	Ispahan, P.S.A.	197
		Ivoire	47

J

	Pages.		Pages.
Jacques	47	Jefferson, par Défendu	51
Judis	47	Jefferson, par Lavater	51
Jaffa	197	Jeffreys	51
Jagellon, ex-Mic-Mac	47	J'en-suis, ex-Jocko	51
Jaguar	48	Jeudi	51
Jaguar III	48	Jeumont, ex-Jéhova	51
Jais	48	Jeune-toujours	51
Jalap	48	Jockey, ex-Jason	51
Jaloux	48	Joël	197
Jamais	48	Joinville II	52
Jambes-d'Acier	48	Jolibois	52
James, ex-Jarnac	49	Josaphat	52
James-Watt	49	Jouancy	197
Janus, par Phaéton	49	Jouffroy	52
Janus, par Sénéchal	49	Jouvenceau	52
Janvier, par Delaunay	49	Joyau	52
Janvier, par Dunois	49	Joyeux	52
Japhet	49	Jube, ex-Javelot	53
Jarnac, par Alsacien	50	Julien	53
Jarnac, par Colporteur	50	Julius-Cæsar	197
Jay, par Acquila et Lou-viers	50	Jupiter III	53
Jay, par Acquila et Slade	50	Jusant	53
Jean-de-Nivelle	50	Justin	53
Jean-de-Nivelle II	50	Juvigny	53
Jean-le-Gros, ex-Jussey	50	J'y-pensais, ex-Joyau	53

K

	Pages.		Pages.
Kabak, par Dictateur	54	Kaleb	54
Kabak, par Darnetal	54	Kali	54
Kabyle	54	Kalmia	55
Kachemir	54	Kalos	55
Kadmor	54	Kamichi	55
Kain	54	Kamtchatka	55

— VIII —

Pages.

Kanac 55
Kanaris 55
Kapilat 55
Kara 55
Karibou 56
Karnac, ex-Kilomètre... 56
Kartoum, ex-Kermann... 56
Kazan 56
Kélat 56
Kellermann 56
Kent 56
Kentucky 57
Képi 57
Kiew 57
Kiffis 57
Kilburn 57
Kilt 57
King 57
Kiosque 57
Kioto 58
Kirghiz 58

Pages.

Kirsch 58
Kiss 58
Kléber 58
Klephte 58
Knout 59
Knox, par Etendard..... 59
Knox, par Dunois 59
Kocklawi 59
Koning 59
Kopeck 59
Koran 59
Korrigan 60
Kosiki, ex-Kirsch 198
Kosroès 60
Kossuth 198
Krakatoa 60
Kremlin, par Esbly..... 60
Kremlin, par Valencourt. 60
Kriss 60
Kronstadt, ex-Lionceau.. 60
Kymris ....

L

Labrador 60
Ladislas 61
Lagrange 198
Lahore 61
Laiton 61
Lama 61
L'Amour 198
Lance-à-Mort 61
Landeau 61
Langeac 61
Lanleff 62
Lannes 62
Lannion 62
Lansborn 62
Lansquenet 62
Lapidaire 62
Lapin 62
Lapon 62
Lara 63
Larmor, ex-Luthérien, ex-
  Lumino 63
Lascar 63
Latran 63
Launay 198
Laurier 63

Lautrec 63
Larabo, ex-Lauréal 198
Lavaret 64
Lavater II 64
Laroisier, ex-Colporteur. 64
Lazarone 64
Lazzi, ex-Lansquenet... 64
Leandre, ex-Sot-l'y-Laisse 198
Le Capricorne 198
Le Chesnay 199
Le Destrier 199
Le Flambeau 199
Le Forestier 199
Le Gourzy 199
Le Hardy 64
Leibnitz 199
Le Léthé 199
Le Malpropre 64
Leman 200
Le Mesnil 65
Lemnos 65
Lenfant 200
Le Nicham II 200
Le Parmelan 200
Le Pompon 200

	Pages.		Pages.
Le Rhône	200	Livet	68
Le Roi-Soleil	200	Lœffler	201
Le Sagittaire	200	Lokart, ex-Ladislas	68
Le Samaritain	200	Lollieron	68
Le Sancy	201	Long-Bow	201
Le Sénateur	201	Loquelon	68
Le Soda	201	Lord-Clive	202
L'Estafette	65	Lord-Worcester	176
Levereau	65	Loredan	68
Levraut, ex-Levereau	65	Loriot	68
Levrier, ex-Inconnu	65	Loto	68
Levrier	65	Louqsor	68
Liban	66	Louvain	68
Libaros	201	Louvigny	69
Libérateur	66	Louvois	69
Lignières, ex-Cherbourg	66	Lubin	69
Lilas	66	Lucilio	202
Linnier, ex-Luxembourg	66	Lucifer	69
Lincoln	66	Luisant	69
Lindor	66	Lunéville	202
Lingot-d'Or	67	Luron	69
Lionceau	67	Lusignan	69
Lisambart	67	Lustucru	69
Lison	67	Lutin	202
Little-Duck	201	Luxembourg	70
Livarot	67	Lydien	70
Live	67	Lykan	202
Liverpool	67	Lynx, ex-Gibraltar	70

M

	Pages.		Pages.
Mac-Gregor	70	Mamiano	203
Mac-Nab	70	Mancini	72
Macouba, par Cherbourg	70	Mandarin, par Serviteur	72
Macouba, par Follet	70	Mandarin, par Dacapo	73
Madar, ex-Mousquetaire	71	Manoël	203
Madcap	202	Marabout	73
Madras	71	Marcassin	73
Madré	71	Marceau	73
Magicien	71	Marcelet	73
Mahé	71	Marche	73
Mahmed-ben-Gana	203	Marcheur	73
Mahomet	71	Marchis	74
Mahomet II	71	Marden	203
Majesté	72	Marengo	74
Major	72	Margaux	203
Malaga	72	Marly	74
Malakoff	72	Marquis	74
Malandrin	72	Marseillan	203
Mulgache	203	Martial	74

	Pages.
Martin-Pêcheur II	204
Masqué	204
Mastrillo	74
Matador	74
Matinal, ex-Marengo	75
Maubeuge	75
Mauléon	75
Mexico	204
Mayence	75
Mazeppa	204
Médicis	204
Médium	204
Médoc	75
Méfiez-vous	75
Merry	75
Merville	76
Meslay	76
Message	76
Messenger	176
Messidor	76
Michigan	76
Mignon, P. S. A.	204
Mignon, par Fuschia	76
Mignon, par Phaéton	76
Mignon, par Thabor	77
Miguel	204
Mikado	77

	Pages.
Milan	77
Milanais	77
Millon	176
Millon, par Smuggler	176
Mirabeau	77
Miracle	77
Mirliton	77
Miroir-de-Portugal	205
Moda	78
Monarque	205
Montagnard	205
Montbarey	78
Montgeroult	205
Montigny	78
Montjoie	78
Montjoye	205
Montmédy	78
Moonlighter	78
Mortain	205
Moulat	78
Mouton	78
Mouton-Duvernet	79
Muguet, ex-Gladiateur	79
Muscadin	79
Myosotis, par Etendard	79
Myosotis, par Galant I	79

N

	Pages.
Nabab	79
Nabopolasso, ex-Nabopolassar	79
Nabucho	79
Nag	80
Nageur, par Nagel	80
Nageur, par Estèphe	80
Namur	80
Navan	80
Nana-Saïd	80
Nancy	80
Nandy	81
Nankin	81
Nantes	81
Naples	81
Napoléon	81
Narcisse, P. S. A.	205
Narcisse	81
Narquois	81

	Pages.
Narsé	82
Nasi	82
Naturel	82
Nautilus, P. S. A.	206
Nautilus	82
Nectar, par Cherbourg	82
Nectar, par Fontenay	82
Nedjim	206
Nelaton	82
Nelson	83
Nelusko	83
Nemours	83
Nemrod, par Shamrock	83
Nemrod, par Jambe	83
Nenni	83
Neptune	83
Nerf	84
Neris, ex-Niveleur	84
Neron	84

	Pages.		Pages.
Nerveux		Noël	87
Nessi	84	Nogaro	87
Nestorius	84	Nomazy	87
Neuilly	84	Normand	87
Nevada	84	Norodom	87
Nevers	84	Noth-Star	176
New-Market	85	Nossi-Bé	87
Ney	85	Nostradamus	88
Ney, ex-Nogaret	85	Notable	88
Nez	85	Noteur	88
Niais	85	Nougat, P. S. A	206
Nickel	85	Nougat I	88
Nigaud, P. S. A	206	Nougat II	88
Nigaud, ex-Nougat	86	Novateur, par Canut	88
Nihiliste ex-Notable	86	Novateur, par Colporteur	88
Ni-Oui-ni-Non	86	Norgorod	89
Nip-Nip	206	Novice, par Trésorier	89
Nisko	86	Novice, par Fuschia	89
Nissy	86	Nuage, ex-Niagara	89
Nizam	86	Nubien	89
Noble	86	Nuremberg	89
Nodini	86	Nyabel	89
Nodus	87		

O

	Pages.		Pages.
Obdorsk	90	Olibrius	93
Oberhambourg	90	Olim	93
Oberhausen	90	Olivet	93
Obernai	90	Olmutz	206
Obscur, ex-Oldembourg, ex-Orphée	90	Omar	93
Occator	90	Ombrageux	93
Occidental	90	Omer-Pacha	93
Octavan	91	Omnibus, ex-Orient	94
Octavo	91	Omnipotent, ex-Orne	94
Octeville, ex-Orne	91	Omnium II	207
Odéon	91	Omonville	94
Oder	91	Oncques-Mieux	94
Œillet	91	Ontario	94
Œsope	91	On-y-va, ex-Oscar	94
Offenbach	92	Onyx, par Tigris	94
Ogre	92	Onyx, par Colporteur	95
Oh ! ex-Osborne	92	Onze	95
Oignon	92	Onze II, ex-Orphée	95
Oiry	92	Opinant, ex-Orageux	95
Oiseau-Mouche, ex-Ouida	92	Opulent	95
Oison, ex-Ouragan	92	Oracle	95
Old-Bridge	206	Orage	95
Oléron, ex-Opulent	93	Oran	96
		Oranger	96

	Pages.		Pages.
Orchid	207	Osier, ex-Octave	98
Orfa	96	Osiris, ex-Ombrageux	98
Organique	96	Osmont	98
Orgeat, ex-Orléans	96	Ostrowski	98
Orglandes	96	Othon	98
Orgue, ex-Océan	96	Oudinot	98
Orient	97	Oudon	207
Original	97	Oui-da	98
Ormeau	97	Ouistiti, ex-Odin	99
Ornano	97	Ouragan	99
Orsiloque	97	Oural, ex-Narcisse	99
Osborne	97	Outremer, ex-Odéon	99
Oscar	97	Ouvert, ex-Ostrogoth	99

P

	Pages.		Pages.
Pacha	99	Passe-Partout, par Socrate	103
Padon	99	Passe-Partout, par Harfleur	103
Paillot	100	Passe-Partout, par Jolibois	103
Paimpol, ex-Pallas	100	Passe-Partout, par Riffis	104
Palais-Royal	100	Passy	104
Palanquin	100	Pastisson	207
Palaprat	100	Paternel II	104
Palefroy	100	Patre, P.S.A.	208
Paleologue	100	Patre	104
Palestro	101	Patrice	104
Palikare	101	Patricien	104
Palmier	101	Patriote	104
Palmiste	207	Patuchon	105
Paludier	101	Pauillac	105
Palus	101	Paulus	105
Pan, ex-Pégase	101	Paysan	105
Panache	101	Peau-Rouge	105
Panama II	102	Pédon	105
Panthéon	102	Pedro	105
Panurge, ex-Pique-Assiette	102	Pégase	106
Papillon P.S.A.	207	Pelican	106
Papillon	102	Pepper and Salt	208
Papyrus	102	Perdant	106
Parasol	207	Perekop	208
Parfait	102	Persévérant	106
Paris, ex-Pactole	102	Perth	208
Park-Swell	176	Petit-Poucet	106
Parmentier	103	Petitville	106
Parmes	103	Peureux	106
Parnasse, ex-Port-Royal	103	Phaéton	107
Parsifal	207		
Passais	103		

— XIII —

	Pages.		Pages.
Pharaon	107	Pontivy	111
Phare	107	Pornic	111
Phénix	107	Porte-Drapeau	111
Phidias	107	Porte-Monnaie	111
Philibert, ex-Pédant	107	Porte-Veine	111
Pierrot	107	Portici	111
Pif	108	Portugal	209
Pilote, P.S.A.	208	Port-Royal	111
Pilote	108	Postillon	112
Pilpay	108	Pourquoi-Donc	112
Pipelet	108	Pourquoi-Pas	112
Pique-Assiette	108	Pourtant	209
Piron	108	Pré-Catelan	209
Pitt, ex-Passe-Partout	108	Pré-en-Pail	209
Plaisir-des-Dames	109	Premier-Mai	112
Plaissan	109	Presbourg	112
Platon	109	Prétendant II	209
Plutus	109	Prétorien	112
Point-noir, ex-Jarnac	109	Priam, ex-Psit	112
Polichinelle, ex-Passe-Partout	109	Prince-Noir	112
Pollion	109	Printemps	113
Polydor	110	Printemps, ex-Pilote	113
Polygone, P.S.A.	208	Prologue	209
Polygone	110	Pronostic	113
Pompée	110	Prophète	209
Pompéi	110	Protagoras	113
Pompier	110	Puchero	209
Pont-d'Or	110	Pull-Together	210
Pontgouin	110	Pythagoras	210
		Pyrénéen	113

Q

	Pages.		Pages.
Quadra, ex-Vancouver	113	Quartier-Maître, par Knight	115
Quadrant	113	Quartile	115
Quadrille	114	Quasimodo, par Qui Vive ?	115
Quaker	114	Quasimodo, par Ambitious Boy	116
Qualifié, ex-Quadrille	114	Quatorze	116
Qualiteux, ex-Quibron	114	Quatoze, ex-Quaker	116
Quality	114	Quatrain, ex-Quartier-Maître	116
Quality II	114	Quatre-à-Quatre, ex-Quartier-Maître	116
Quarante-heures	114	Quatrebras	116
Quart-d'heure	115		
Quarteron	115		
Quartier, ex-Quartier-Maître	115		
Quartier-Maître, par Fuschia	115		

	Pages.
Quatre-Cantons, ex-Quasimodo	116
Quatre-Sous, ex-Quartier-Maître	117
Quatre-Vingts, ex-Passager	117
Québec	117
Québec II, ex-Québec	117
Quel-beau ! ex-Questeur	117
Quel-Charmeur, ex-Ismaël	117
Quelen, ex-Qu'en-Pensez-Vous	118
Quelneuc	118
Quelquefois, ex-Québec	118
Quel-Type	118
Qu'en-Pensez-Vous	118
Quentin	118
Quercy	118
Querelleur, par Forestier	119
Querelleur, par Jacques	119
Querlon	119
Quesnot	119
Quesnoy	119
Questeur, par Cherbourg	119
Questeur, par Lemnos	119
Queussi-Queumi	120
Quevel	120
Quibbler, ex-Quinola	120
Quibon	120
Quibon, ex-Quolibet	120
Quibus	120
Quick-Silver, ex-Quimper	121
Quickly	121
Quiconque	121
Quid, ex-Quirite	121
Quidam	121
Qui-donc ? ex-Quinquina	121
Quevilly, ex-Dartagnan	122

	Pages.
Quignon	122
Quilboquet	122
Qu'il-est-vaillant, ex-Quirites	122
Quiloa	122
Qu'il-va, ex-Quitus	122
Qu'il-y-aille	123
Quicampoix, ex-Quine	123
Quinet	123
Quinium	123
Quinoxe	123
Quinquina	123
Quintal, par Cherbourg	124
Quintal, par Phaeton	124
Quinteux, ex-Quibus	124
Quinze, ex-Quiloa	124
Qui-Perd-Gagne	124
Qui-Proquo	124
Quirette	124
Quirinal II, ex-Quirinal	125
Quirinal, P. S. A.	210
Quirila, ex-Quolibet	125
Quirite	125
Quissac	125
Qui-Sait, ex-Quercy	125
Quistenic	125
Quito	125
Quitri, par Connétable	126
Quitri, par Frondeur	126
Qui-va-là	126
Qui-veut-on	126
Qui-Vive	126
Qui-Vive III	126
Quoique, ex-Quolibet	126
Quoja	127
Quorum	127
Quotidien, ex-Quolibet	127
Quotient	127
Qu'y-met-on ?	127

R

	Pages.
Rabelais	127
Racleur	128
Radama	128
Radon	128
Radzivill	128

	Pages.
Raffaello	210
Railleur	210
Raimbaud	128
Rallywood	177
Ramazan, ex-Rabelais	128

	Pages.		Pages.
Rameau	129	Revigny	133
Rancour	129	Reye	134
Ranes	210	Rhum	134
Rangez-vous	129	Richard	134
Raphaël, ex-Rigodon	129	Riche-en-Goule	134
Rapide-Éclair	129	Richelieu	211
Rapid-Roan	176	Ricquebourg	134
Rassasié	129	Rien-à-dire, ex-Roger-Bon-	
Ratapoil	129	temps	134
Ravissant	130	Riga	134
Rebec	130	Rigodon	135
Reboul	130	Rigoletto	135
Rebus	130	Rigolo	135
Red-Hot-Shot	177	Rinceau	135
Redoutable, ex - Rayon-		Rio-Tinto	211
d'Or	130	Rip, par Mahomet	135
Régal	130	Rip, par Galba	135
Régent	130	Ripollin	135
Régent, P. S. A.	210	Ris-Toujours	136
Regret	211	Robert-le-Diable	136
Remi	131	Robert-le-Diable, ex-Ro-	
Remilly	131	cambole	136
Reminder	211	Robert-le-Fort, ex-Romu-	
Remiremont	211	lus	136
Rempart	131	Robespierre	136
Remulus	131	Robuste	136
Remus	131	Rocambole II, ex-Rocam-	
Renégat	131	bole	136
Renfort	131	Rochambeau	137
Renne	132	Rockhampton	212
Réséda, par Fuschia et Ca-		Rocreu	137
mélia	132	Royer	137
Réséda, par Fuschia et		Roi-de-Cœur, ex-Remuant	137
Jeanne-Hachette	132	Roi-nègre	137
Résolu	132	Roitelet	137
Résolution III	177	Roland	138
Resplendissant	132	Rollon, ex-Réséda	138
Ressac	132	Romain	138
Résultat	132	Romano	138
Retreat	211	Romarin, P. S. A.	212
Reux	133	Romarin	138
Réveillon, par Zut	133	Roméo, par Iambe	138
Réveillon, par Lance-à-		Roméo, par Kurde	138
Mort	133	Rominagrobis, ex-Raseur	139
Réveil-Matin	133	Romulus	139
Révérend, P. S. A.	211	Rondit	139
Révérend	133	Roquelaure	139
Rêveur	133	Roquelaure II, ex-Roque-	
Revigny, P. S. A.	211	laure	139

	Pages.		Pages.
Roscoff	139	Rouges-Terres	141
Roseau	139	Roule	141
Rosemont	140	Roustan	141
Rosier	140	Roulier	141
Rosmeur	140	Roi-d'Yvetot	142
Rosny, par Nobucho	140	Royal-Star	177
Rosny, par Fuschin	140	Rubi	142
Rosperden	140	Rubicon	142
Rossini	140	Rueil	212
Rostheneuf	141	Rully	212
Rostrum	141	Russifer	142
Rotten-Row	212	Ruteur	142
Rouble, ex-Remus	141		

S

	Pages.		Pages.
Sagacity	212	Saumon	145
Saint-Aubin	142	Sauteur	145
Saint-Cloud	212	Sauveur	145
Saint-Damien	213	Savoyard	146
Saint-Frusquin	142	Sagifrage	146
Saint-Germain	213	Saxifrage, P. S. A.	214
Saint-Kenelm	213	Saxon	146
Saint-Laurent	213	Scapin	146
Saint-Léger	143	Scarron	146
Saint-Lo	143	Scintillant, ex-Séduisant	146
Saint-Luc	213	Scolland	214
Saint-Melaine	143	Sébastopol	146
Saint-Michel	213	Sébécourt	147
Saint-Pair-du-Mont	213	Sectaire	147
Saint-Rigomer	143	Séculaire	147
Saint-Remy	143	Séduisant	147
Salomon	143	Seez	147
Salvator	143	Seigneur	147
San-Francisco	144	Seigneur-Noir	147
Sans-Peur	144	Select	148
Sans-Souci, par Ministère	144	Selim	148
Sans-Souci, par Tigris	144	Senaillac	148
Sans-Terre	144	Senlis	148
Santerre	144	Septidi	148
Santo-Piétro	144	Sérieux	148
Sapajou, ex-Sauve-qui-Peut	144	Serge	148
Satellite	145	Serpent	149
Satin-Noir	145	Serpolet	149
Satory	214	Serriteur	149
Satyre, P. S. A.	214	Sheffield	149
Satyre, ex-Sansonnet	145	Siam	149
Saule	145	Sicambre, ex-Satin	149
		Sidney	149

	Pages.		Pages.
Sigean	149	Souvenez-vous, ex-Solide.	153
Signor	150	Souvenir	153
Simart	150	Souverain	154
Siméon	150	Soyeux, ex-Solide	154
Simonian	214	Spadassin, ex-Soliman	154
Sincerity	150	Saphi, ex-Solon	154
Sir-James III	177	Spararis	154
Sirop	150	Spéculation	177
Sir-Peter-Repps	177	Star-of-Sedgeford	177
Size-Fin	150	Starborough	177
Smart, ex-Sées	150	Stettin	154
Smerdis	151	Steuben	154
Smith	151	Stop	155
Sobieski	151	Stors	155
Sociable, ex-Solférino	151	Stracchino, ex-Strachino.	215
Sociétaire	151	Strasbourg	155
Socrate	151	Strathpeffer	215
Soldat	151	Strogoff	155
Solférino	152	Stuart, P. S. A.	215
Solitaire, P. S. A.	214	Stuart	155
Solitaire	152	Styx, P. S. A.	215
Solo	152	Styx, ex-Sans-Gêne	155
Solon	152	Suard	155
Sonnet	152	Substitut	156
Son-O'Mine	214	Sucre-d'Orge	215
Sorcerer	215	Sultan	156
Sorcier	152	Sultan II	216
Sorrento	215	Superbe, ex-Arlequin	156
Sosigène	152	Suppé	156
Sot-l'y-Laisse	152	Surdon	156
Souci	153	Surefoot	216
Soukaras	153	Surveillant	156
Soupireur, ex-Southampton	153	Survilliers	216
Sous-Bois, ex-Saladin	153	Sydney	216
Sous-l'Orme, ex-Saladin	153	Système	156

T

	Pages.		Pages.
Tableau	157	Talmud, ex-Tambour-Major	157
Taffetas-Noir, ex-Trouvère	157	Tamarin	158
Taillebourg	157	Tambour	158
Talisman	157	Tambour-National	158
Tallion	157	Tambour-Battant	158
Tally-Ho	178	Tambour-de-Basque, ex-Ténébreux	158
Talma, ex-Tyndare	157		

	Pages.		Pages.
Tamerlan	158	Touques	163
Tant-Pis	158	Tourbillon	163
Tapissier	159	Tourbillon II, ex-Tourbillon	163
Taralala	159	Touriste	163
Tas	159	Tournesol, ex-Talisman	217
Tasman	159	Tournesol, P. S. A.	164
Taillon, ex-Tic-Tac	159	Tournesol	217
Taverny	159	Tourne-Toujours	217
Tayaut II	216	Tourtereau	164
Télégramme	159	Tout-à-Coup, ex-Turco	164
Téléphone	159	Trafalgar	217
Téméraire	160	Trajan	178
Tempête	160	Trapèze	164
Terminus	160	Trappeur, ex-Tabor	164
Terrible, ex-Tempête	160	Trayon	164
Thabor	160	Treillageur	165
The	160	Tremolo, ex-Tibère	165
The Bard	216	Trente-et-un	165
The Condor	216	Très-Fier, ex-Triboulet	165
The Minstrel	216	Trésorier	165
The Moor	178	Triboulet	165
Thermidor	160	Tributaire	165
Thésée, ex-Tabarin	161	Trident	166
Tibère	161	Tripoteur, ex-Toul	166
Tigre, ex-Tonnerre	161	Trivulce	166
Tigris	161	Tron-de-l'Air	166
Tison	161	Troubadour, ex-Talisman	166
Tite-Live	161	Trouble-Fête, ex-Taquin	166
Titi	161	Trouvère	178
Titus	162	Trumans-Bardolph	166
Toastmaster	217	Tsar, ex-Talisman	167
Tobolsk	162	Tudor	167
Tombola	162	Tumulte	167
Tondeur, ex-Ursin	162	Turenne, par Oudineau	167
Toréador	162	Turenne, par Fuschia	167
Torpilleur	162	Turf	167
Touareg	162	Typhis	167
Toucheur, ex-Tétanos	163	Tyrol	167
Toul	163		

U

Upis	217	Utrecht	217
Urbain	168	Uzos, ex-Uhlan	168
Urneau	168		

V

Va-de-Bon-Cœur	168	Valdempierre	168

	Pages.		Pages.
Val-de-Sée	168	Vif-Argent	169
Valencourt	168	Vigilant	218
Valère, ex-Voltaire	169	Vigoureux	169
Vaucouleurs	217	Viveur	169
Venice	178	Volant	169
Veracity, ex-Fromage	218	Vol-au-Vent	169
Vesper	178	Volte-Face	169
Vierza	218		

W

War-Dance	218	Winkfields-Pride	218
Wellington	170	Wolsey	218
Wills'-Favorite	178		

X

XII	170	Xénophon	170
Xaintrailles	218		

Y

Yacoub	170	Y-Kapiral	170
Yanthis	219		

Z

Zéphir	219	Zut	219
Zingaro	219		

Paris. — Imprimerie KUGELMANN, 12. rue de la Grange-Batelière.

www.ingramcontent.com/pod-product-compliance
Ingram Content Group UK Ltd.
Pitfield, Milton Keynes, MK11 3LW, UK
UKHW021515090726
13657UKWH00001B/251